世界と科学を変えた52人の女性たち

レイチェル・スワビー
堀越英美＝訳

青土社

世界と科学を変えた52人の女性たち　目次

はじめに　9

医学

メアリ・パトナム・ジャコービー（1842-1906）　16
アナ・ウェッセル・ウィリアムズ（1863-1954）　21
アリス・ボール（1892-1916）　27
ゲルティ・ラドニッツ・コリ（1896-1957）　31
ヘレン・タウシグ（1898-1986）　37
エルシー・ウィドウソン（1906-2000）　43
ヴァージニア・アプガー（1909-1974）　48
ドロシー・クロフット・ホジキン（1910-1994）　54
ガートルード・ベル・エリオン（1918-1999）　59
ジェーン・ライト（1919-2013）　65

生物学と環境

マリア・ジビーラ・メーリアン（1647-1717）　72
ジャンヌ・ヴィルプルー＝パワー（1794-1871）　77
メアリー・アニング（1799-1847）　81
エレン・スワロー・リチャーズ（1842-1911）　85

アリス・ハミルトン（1869-1970） 89
アリス・エヴァンス（1881-1975） 96
ティリー・エディンガー（1897-1967） 100
レイチェル・カーソン（1907-1964） 107
ルース・パトリック（1907-2013） 113

遺伝学と発生学

ネッティー・スティーヴンズ（1861-1912） 120
ヒルデ・マンゴルト（1898-1924） 124
シャーロット・アワーバック（1899-1994） 128
バーバラ・マクリントック（1902-1992） 133
サロメ・グリュックゾーン・ウェルシ（1907-2007） 141
リータ・レーヴィ＝モンタルチーニ（1909-2012） 146
ロザリンド・フランクリン（1920-2007） 151
アン・マクラーレン（1927-2007） 158
リン・マーギュリス（1938-2011） 162

物理学

エミリー・デュ・シャトレ（1706-1749） 168

リーゼ・マイトナー（1878-1968） 173
イレーヌ・ジョリオ＝キュリー（1897-1956） 180
マリア・ゲッパート＝メイヤー（1906-1972） 186
マルグリット・ペレー（1909-1975） 192
呉健雄（1912-1997） 197
ロサリン・サスマン・ヤロー（1921-2011） 202

地球と宇宙

マリア・ミッチェル（1818-1889） 210
アニー・ジャンプ・キャノン（1863-1941） 214
インゲ・レーマン（1888-1993） 218
マリー・サープ（1920-2006） 223
イボンヌ・ブリル（1924-2013） 228
サリー・ライド（1951-2012） 233

数学とテクノロジー

マリア・ガエターナ・アニェージ（1718-1799） 240
エイダ・ラブレス（1815-1852） 244
フロレンス・ナイチンゲール（1820-1910） 250

ソフィア・コワレフスカヤ（1850-1891） 254
エミー・ネーター（1882-1935） 261
メアリー・カートライト（1900-1998） 267
グレース・マレー・ホッパー（1906-1992） 273

発明

ハータ・エアトン（1854-1923） 280
ヘディ・ラマー（1914-2000） 286
ルース・ベネリト（1916-2013） 294
ステファニー・クオレク（1923-2014） 299

謝辞 304
訳者あとがき 306

参考文献 viii
索引 iii
著作権の表示 i

ティムに捧げる

世界と科学を変えた52人の女性たち

はじめに

科学者にまつわる本書は、ビーフストロガノフから始まった。『ニューヨーク・タイムズ』紙によれば、イボンヌ・ブリルはすばらしいビーフストロガノフを作ったという。二〇一三年三月の同紙に掲載された死亡記事で、ブリルは「世界最高のお母さん」(1)の称号を授与された。彼女は「夫に付き添って職を転々とし、三人の子供を育てるために仕事を八年間休んだ」からだ。世間の激しい非難を浴びた後、同紙はブリルがその特別な地位を確立することになった貢献の記述から始めるように記事の書き出しを修正し、アーカイブに残した。「彼女はすばらしいロケット科学者だった」。オッケー。そのとおり。

科学よりもストロガノフ。個人としての業績以前に家庭生活を前面に押し出すこうした誤りはありがちだが、それだけに当惑させられる。ドロシー・クロフット・ホジキンが化学界で最高峰の賞を受賞した一九六四年、ある新聞は「イギリス人の妻にノーベル賞」と書き立てた。あたかも彼女が夫の靴下を左右そろえている間に、生化学物質の複雑な構造を見つけたかのように。人々は男性科学者について、断じてこんな風に語ったりしない。男性科学者の配偶関係について触れることは、生化学の大発見という文脈において必要とはみなされていない。航空宇宙技術者として重要な仕事をなすことは、温かいパスタ料理の背後に秘められた大きな驚きではない。男性の場合は、科学の業績は生まれながらにして彼らの領域にあるものとして認められている。

一八九九年、発明家で物理学者だったハータ・エアトンは、長らく悪評高かったアーク灯の雑音とちらつきを抑える最新の発見を披露する実演を行った。新聞はこの発表を報じた際、エアトンをどこかのサーカス芸人のように扱った。「婦人訪問者たちを驚愕させたのは…彼女たちと同じ性別の人物が、全ての展示品の中で最も危険そうに見えるものを担当している光景だった。エアトン夫人は少しも恐れていなかった」(2)。こうした記事と似たりよったりな視線に悩まされたエアトンは、自分やマリー・キュリーのような同時代の女性科学者の扱いにおける絶えざる問題を批判した。「『女性と科学』という考えはまるで的外れです。ある女性が優れた科学者であろうがなかろうが、いずれにせよ彼女には機会が与えられ、彼女の仕事は性別ではなく科学的な観点から検討されるべきです」(3)

今日においても、こうした言葉に再び耳を傾けることは重要だ。女性科学者に対するフェアな報道はもちろんだが、それ以上のものが求められている。

ロールモデルに触れる機会は、女の子がＳＴＥＭ［訳注：Science（科学）, Technology（技術）, Engineering（工学）and Mathematics（数学）］分野に参入するうえで切実な問題だ。宇宙飛行士サリー・ライドは自分の父を、こうした理念の提唱者に変化させた。宇宙に行く日を夢見る男の子を主役にした広告を偶然見かけたライドの父は、児童教育における固有バイアスを正すべきだと強い表現で指摘する手紙を広告主に向けて書いた。「米国初の女性宇宙飛行士の親として、女の子も数学や科学を志向するということをこの目で見てきました。私たち大人は、女の子がアメリカの未来を切り開くよう励ますべきです」(4)。『ニューヨーク・タイムズ・マガジン』誌の記事で、初めてイェール大学で物理学の学士号を取得した二人の女性のうちの一人であるアイリーン・ポラックは、母校の数学科のロビーにかかっていた有名数学者の大きなポスターに(記事が掲載された二〇一三年でさえ)、ただの一人も女性が含まれていなかったことを記した。彼女は科学を続けることを断念していた。二〇一四年初頭には、シャーロットという名前の七歳の女の子がレゴ社に公開レターを書いた。「私はおもちゃ屋さんに行って、ピンク(女の子向け)とブルー(男の子向け)の二つの売り場でレゴを見ました。女の子向けのレゴはみんな、おうちで座ったり、海辺やお店に行ったりします。女の子には仕事がありません。でも男の子向けのレゴは、冒険をしたり、働いたり、人を救ったり、サメと泳いでいるときでも仕事をしたりしています。私はもっとレゴの女の子を作って、女の子たちが冒険をして楽しい時間を過ごせるようにしてほしいんです。OK⁉」(5)

科学の道に進む女の子たちがロールモデルを求めるにあたり、あちこち掘り返して回らなきゃいけないのもおかしな話だ。科学界の女性を、異様な存在でも研究室の裏方として働く妻でもなく、科学者として扱うこと。若年期の少女たちに、自分は何が得意なのか、また何を好きだと思っているかを考えるきっかけを与えること。そうすることによって、新世代の化学者、考古学者、および心臓病学者の成長を促すことができると同時に、隠された世界史を明らかにできる。

本人の基準に照らせば、ハータ・エアトンは優れた科学者だった。細部にこだわる地震学者インゲ・レーマンも、かんしゃく玉のような神経発生学者リータ・レーヴィ＝モンタルチーニもそうだ。学問の世界に女性がほとんどいなかった時代に科学や数学の訓練を受けた女性は、当時の基準では多くが科学者に当てはまるとしても、本書には収録していない。本書に登場するのは、地球の内核を発見し、放射性元素を明らかにし、砂を払って完全な恐竜の骨格を見つけ出し、あるいは科学的探究の新しい分野を切り拓いた女性たちである。彼女たちのアイデア、発見、そしてその洞察力は、私たちの世界の見方に大地をゆさぶらんばかりの変化をもたらした（それは地震学者にとってもそうだろう）。

別種の本であれば、業績のみでも掲載に値しただろう。しかし本書では、女性たちが成したことを伝える二本目の柱として、秘められた寝室の研究室、海底探検、DNAの構造を解き明かす一助となった盗まれた一枚の写真などの物語要素が必要だった。輝かしいキャリアの羅列では不十分だったのである。

各人が長きにわたる影響力の持ち主であることを確実にするため、本書は既に一生の仕事が完了している科学者のみを収録している。存命者を含めないことによって、あまりに多くの傑出した科学者や業績を除外することになったのは、痛恨の極みである。さらにSTEM分野に参入するチャンスは、有色人種の女性に先んじてまず白人女性に与えられた。今から五年もたてば、同じ基準でより多様性に満ちた本が登場するだろう。

マリー・キュリーは、科学界の女性について語るときにまっさきに名前があがる人物なので、本書では扱わなかった。彼女はあらゆる場面で圧倒的な人気を誇っており、有名科学者をモチーフにしたトランプカードにお飾りの女性として登場したり、何気ない会話の中でも名前を出されがちだったり、すべての女性科学者の比較対象となったりしている。ノーベル賞を二回受賞し、非常に影響力のあるパリのラジウム研究所の所長で、ノーベルと呼ばれる小ぢんまりとした賞に広く一般の注目を集めた科学者であるキュリーは、確かに歴史と時代精神におけるその地位にふさわしい人物だ。呉健雄、マルグリット・ペレー、そしてキュリー自身の娘であるイレーヌ・ジョリオ゠キュリーにとって、マリー・キュリーは励みになる存在だった。私の望みは、憧れの対象となるような科学者、数学者、技術者たちの新たなモデルを、本書に収録した物語を通じてあらゆる世代の読者に伝えることにある。

だから、科学界で傑出したあらゆる女性をその分野のマリー・キュリーと呼ぶ代わりに、誰かが真に自分の仕事一筋に生きていたら、その専門分野におけるバーバラ・マクリントックと呼ぼう。ある科学者が新しい土地を地図にまとめたら、その探査領域におけるアニー・ジャンプ・キャノンと呼ぼう。ある研究者が実験のために物理的な危険にさらされたら、放射能またはマスタードガスを扱う研究をした本書に登場する何人もの科学者のようだと言おう。

本書には、五二の人生の略歴が収録されている。一週間に一つ読めば、自身の調査で環境保護庁を発足させた人から、形態安定コットンを発見した人、独創的なスコアを考案して苦しむ新生児を今にいたるまで何世代にもわたり救ってきた人まで、一年で知ることができるだろう。こうした科学者たちに特化した報道はほかではほとんどないので、彼女たちの人生を通して、読者の皆さんがサロメ・グリュックゾーン・ウェルシに匹敵する幅広い知識を身に付けたと感じられるようになることを願っている。

引用文献

（1）Douglas Martin, "Yvonne Brill, a Pioneering Rocket Scientist, Dies at 88." *New York Times,* March 30, 2013.

（2）Evelyn Sharp, *Hertha Ayrton: 1854–1923, a Memoir*. London: E. Arnold & Company, 1926.

（3）Ibid.

（4）Lynn Sherr, *Sally Ride: America's First Woman in Space*. New York: Simon & Schuster, 2014.

（5）Charlotte to Lego Company, January 25, 2014, in *Sociological Images*, http://thesocietypages.org/socimages/2014/01/31/this-month-in-socimages-january-2014/.

医学
MEDICINE

メアリ・パトナム・ジャコービ
Mary Putnum Jacobi
1842-1906

医師・アメリカ人

ハーバード大学教授の医学博士エドワード・クラークは警告した。「私が実際に診た事例で、大学やカレッジを卒業した優秀な研究者でありながら、卵巣が十分に発達しないままだった女性たちがいる。のちに彼女たちは結婚したが、不妊だった」(1)。彼は生殖器が発達しない仕組みについて説明を続けた。「身体は決して一度に二つのことをこなすことができない。筋肉〔原注：月経のこと〕と脳は同時に最良に機能することはできないのである」。この文章は、クラークの著書『教育における性別　あるいは、女子のための公平な機会』（一八七三年）からの抜粋だ。同書の要旨は「月経中に勉学に励むことは危険である。すなわち女子教育は危険である。安全のため、女子は高等教育を受けるべきではない。子宮は危険にさらされている」

今日では、クラークの論文を一医師のとりとめのないばかげた話として切り捨てることはたやすい。彼の女子学生に関する記述――「現代の女子教育システム」の結果としての「衰弱、リンパ腺結核、貧血、神経痛を示す青白く血の気の無い女性たちの顔の群れ」(2)――は、キャンパスの大学生というより、まるでゾンビを描写しているようにみえる。しかし同書が出版された際、教育の場に女子が入り込むことに反対していた学校管理職や教職員は、安全性の問題における自分たちの見解を立証するものとして同書を持ち上げた。

メアリ・パトナム・ジャコービ
Mary Putnum Jacobi

メアリ・パトナム・ジャコービは、すべてがナンセンスだと考えた。ジャコービはアメリカ人で、フランスの医学校に入学した最初の女性である。入学にはひと悶着あったが、いったん入ってしまえばジャコービにとって医学実習はスリリングなしろものだった。もちろん彼女の能力を疑う人々はいた。母親でさえ、娘が教育を受けることに心を痛め、心配そうに見守っていた。しかしジャコービーはやすやすと、そしてユーモアを欠かすことなく学業を続けた。一八六七年、ジャコービーは実家にこんな手紙を送って母親を安心させた。「私は本当にただ楽しく過ごしてるの……病院はあまりにも多くの刺戟的な（かつ面白い、と付け加えてもショックを受けないでね）ことを教えてくれます。頭部がほんの少しゆがんでるなんて、初めて知ったわ」(3)

クラークの主張に立ち向かうために、ジャコービーは自身の個人的な経験をもって反論することもできただろう。彼女はフランスの医学校に進学する前に、すでにアメリカの医科大学で医学博士の学位を得ていた。医科大学は、ジャコービーを病気にも不妊にもさせなかった。しかしエビデンスが得られそうなときに自分の経歴を持ち出すことは、心拍を調べるのに聴診器を使わず触診するようなものだった。

ジャコービーはクラークのオブラートに包んだ性差別の正当化に対し、具体的な数字、図表、分析を示した二三二ページもの資料で挑んだ。彼女は心拍数、直腸温度、尿量といった生理学的指標とともに、女性の月経痛、月経周期、運動習慣、教育程度を尋ねた調査結果を集めた。ジャコービーは論点を明確にするため、被験者に月経前、月経中、月経後の筋力テストを実施した。この論文はきわめて公正だった。彼女は科学的手法によってマイクを放り投げたのだった。「月経の性質に、休息の必要性はもちろん、休息の望ましさすら示すものは何もありません」(4)。女性が衰弱、リンパ腺結核、貧血、神経痛に苦しんでいたとしても、クラークが主張したように勉強のしすぎのせいではない。

論調以上にエビデンスによって心地よく読ませる彼女の報告書は、ハーバード大学でボイルストン賞を受賞した。それは同大教授のクラークが『教育における性別　あるいは、女子のための公平な機会』を出版してからわずか三年後のことだった。クラーク対ジャコービーの学問的論争は、先入観にとらわれた医者と論理に厳密な医者との単なるアカデミックな難癖のつけあいではない。いかなる者の大学入学を許可すべきかという議論において、科学的なスタンスを保つことはきわめて重要なことだった。クラークの論文が大学の城砦を固めたあと、ジャコービーは粛々とその障壁を解体した。彼女の論文は反響を呼び、女性に高等教育、とりわけ科学分野の高等教育を受ける機会をもたらすことに大いに貢献した。

ジャコービーは子供のころから医者を目指していた。「医学の勉強を始めた時、私は九歳くらいでした」(5)と彼女は回想した。「大きな死んだネズミを見つけて、もし私に勇気があったらこのネズミを解体して心臓を見つけることができるのに、という考えが頭をかすめました。ネズミの心臓をずっと見てみたかったのです……勇気は出ませんでした」。彼女は診査手術の実習を受けるまで解剖には手をつけなかったが、身体に対する興味は決して衰えなかった。その間、ジャコービーは執筆活動をした。著名出版社の家庭で育った彼女は、家族のビジネスを手伝いがてら、一五歳で『アトランティック・マンスリー』誌で物語の連載をスタートした。それはのちに『ニューヨーク・イブニング・ポスト』紙にも掲載された。

ジャコービーの父は、彼女が医科大学に通うことを決めたと聞いていい顔をしなかった。娘の願いに対し、父は娘の前に大学の授業料相当のお金を積み、高等教育を諦めたらこれはお前のものだとにんじんのようにぶらさげた。ジャコービーは父の申し出を断り、一八六〇年代初めにペンシルバニア女子医科大学に通い、その後二つ目の大学に通うためにパリへ渡り、学業を続けた。母親が最新情報を求める手紙を書いてよこしたとき、ジャコービーはこう返信した。「『高い教育を受けたフランスの女性医師にたくさん会っているか』どうかを私に聞くなんて、お母さんったらずいぶん甘いのね。そんな人、聞いたこともない」(6)

パリでは、アメリカ人は物好きだと思われていたおかげで、ジャコービーは何カ月も入学許可を求める働きかけをして、医学校に通う栄誉を与えられた最初の女性になることができた。彼女の通学にはいくつかの規定が付随した。彼女は講義に参加するにあたり、他の学生が使っていないドアを通り、教授の近くに座らなければならなかった。ジャコービーは、私のペチコートは大学創設以来この学校に入り込んだ初めてのペチコートになるだろうと冗談を言った。いかに不慣れな状況であっても、ジャコービーはなじむことはたやすいと感じた。彼女は手紙にこう書いている。「私…とても居心地がいいと感じてる。今までずっとここにいたみたい」(7)

パリで五年間を過ごしてアメリカに戻ってからは、ジャコービーはニューヨーク女性と子供のための診療所付属女子医科大学で教え始めると同時に、医師としても働いて現場で女性の機会を切り開いた。ジャコービーは一八七二年にニューヨーク市婦人医療協会の設立に協力し、ニューヨーク病院に小児病棟を開設し、医学アカデミーの最初の女性会員となった。脳腫瘍との診断を受けた際、ジャコービーはクラークのバカげた主張に応えたときのように、徹底的かつ客観的に症状を記録した。彼女はその結果をこう題した。「小脳を圧迫する髄膜腫瘍の初期症状の記述。本疾病により著者死亡。患者自身（Herself）によって記す」。ジャコービーはいつもこの最後の言葉（Herself＝彼女自身）を論文に入れるのを好んでいた。

引用文献

（1）Edward H. Clarke, *Sex in Education or, A Fair Chance for Girls*. Boston: James R. Osgood and Company, 1875.
（2）Ibid.
（3）Mary Putnam Jacobi, *Life and Letters of Mary Putnam Jacobi*. New York: G. P. Putnam's Sons, 1925.
（4）Mary Putnam Jacobi, *The Question of Rest for Women During Menstruation*. New York: G. P. Putnam's Sons, 1877.
（5）Mary Putnam Jacobi, *Life and Letters of Mary Putnam Jacobi*. New York: G. P. Putnam's Sons, 1925.
（6）Ibid.
（7）Ibid.

アナ・ウェッセル・ウィリアムズ

Anna Wessels Williams

1863-1954

細菌学者・アメリカ人

アナ・ウェッセル・ウィリアムズは、共同作業は必要不可欠だと信じていたが、一人で過ごす時間も大切にしていた。自由時間があると、彼女はスタント飛行機に乗り込んだ。第一次世界大戦前のフライトがもたらすゾクゾクするような危うさと、めったに人がたどり着けない場所を滑空する高揚感。その二つの感覚の間でゆらめいた。地上でも彼女はスピード違反の切符を山と積み上げていて、思いのままに飛び回る魅力には抗いがたいようだった。ニューヨーク市衛生局診断研究所でウィリアムズが同研究所史上最大の発見の一つをなしたときも、彼女は一人だった。一八九四年、彼女は感染症であるジフテリアの菌株を分離したのだ。この菌株は、ジフテリアとの闘いに必要な抗毒素を高収率で産生するにあたり、きわめて重要なものとなった。

現在ではジフテリアは制御下にあるが、ウィリアムズがこの問題に取り組んでいたときは、「流行目前のレベル」(1)に達していた。ジフテリアは、咳や会話の際に飛び散る唾液を介して人から人へと乗り移った。最初は発熱や寒気を惹き起こすだけだが、菌が定住すると、心臓や神経系を侵すおそれがある。子供たちは死に、貧しい人々はとりわけ過大なリスクにさらされていた。

ジフテリアの抗毒素はわずか四年前の一八九〇年、エミール・フォン・ベーリングによって発見されたばかりだった。それは偉大な業績で、この新発見によってベーリングは一九〇一年のノーベル医学賞を獲得していた。感染症の治療法を見つけることと、その治療法を世界中で展開することはまったく別の話である。ベーリングが発見した抗毒素は、活性化するための毒素が必要だった。何年たっても科学者たちはスターターとなる毒素の産出量の少なさに往生した。血清は不足し、十分に行き渡らせることができなかった。そうしている間にも、ジフテリアは人から人へと感染を続け、年間何千人もの子供たちの命を奪っていった。

衛生局診断研究所のウィリアム・H・パークの指導のもと、アナ・ウィリアムズは抗毒素を活性化する強力な毒素を出す菌株を見つける研究に取り組んでいた。抗毒素を大規模に産生しうる量の毒素が必要だった。突破口は、パークが休暇で不在中のときに訪れた。ウィリアムズは、それまで入手可能であった毒素より五〇〇倍強力な毒素を生成する細菌株を分離したのだ。

この菌株は、「パーク‐ウィリアムズNo.8」と名付けられた。ウィリアムズは上司が自分の名前を含めてくれたことに感謝し、「このように自分の名前がパーク博士のお名前と結合できた栄誉を嬉しく思っています」(2)と語った。ウィリアムズは研究における共同作業の必要性を理解していた。ウィリアムズ自身の実験にしても、フォン・ベーリングの最初の大発見に支えられていたのだから。しかし時間が経つにつれて、この菌株を扱う人々にとって「パーク‐ウィリアムズNo.8」はあまりにも音節が多すぎるということになり、略して「パーク8」として知られるようになった。同様に、ウィリアムズの先進的な研究も顧みられなくなった。

ウィリアムズが科学を志したのは、名前を認知させるためではなかった。彼女は自分の名前が入ったラベルがどれほどの数の菌株に貼り付けられたかには興味がなかった。彼女の目的意識は医療ニーズに応えることにあった。現実社会にもたらした効果でいえば、パーク8は華々しい成功を収めた。この新しい菌株のおかげで抗毒素が利用しやすくなり、コストの削減によりウィリアムズはジフテリアの流行を抑えることに貢献した。彼女の発見から一年もしないうちに、ジフテリア抗毒素は大量生産が可能になった。膨大な需要に応えるため、米国とイングランドの医師には大量の製剤が無償で出荷された。

ウィリアムズが医学の道を目指すようになったのは、医療介入の知識や訓練がないばかりに、一つのアクシデントが取り返しのつかない事態に発展したことを目撃したときからだ。ウィリアムズにとって、一八八七年に姉が赤ちゃんを死産したこと、出産中に姉が死にかけたことは、主治医が十分に熟練していれば少なくとも部分的には避けられたことのように思えた。この恐ろしい出来事によって、ウィリアムズは決心した。自らを教育することで、このような医学知識の欠如と戦おうと。

ウィリアムズはこの直後に学校教師の仕事を辞め、ニューヨーク病院付属女子医学校に入学した。学業は身震いするほど楽しかった。「私は、これまで女性がほとんど足を踏み入れたことのない道を歩み始めていました。当時の私には、人間の個性とは、性別、人種、宗教、その他どんな要素も関係なく、能力以外にないという強い信念がありました。ですから、女性は自身の力を最大限発揮するために、男性と同等のチャンスが得られるべきだと信じていました」(3)。一八九一年、彼女は医学士の学位を取得した。

ニューヨーク市保健局では、厄介な病気に立ち向かう機会がたちどころに現れた。例のジフテリアの大流行だ。これはウィリアムズがボランティアとして入局して一年もたっていない一八九四年に発生した。翌年、彼女は正式に採用され、細菌学の研究補佐員という肩書きを与えられた。

創造的で恐れを知らないウィリアムズは、一八九六年にパリで長期休暇《サバティカル》を取り、パストゥール研究所で猩紅熱の研究にあたった。同研究所で彼女は、根深い秘密主義カルチャーに直面した。そこでは一刻を争う研究に関する議論は立ち入りを厳しく制限され、解剖用の遺体などの研究道具は共有されていなかった。彼女は猩紅熱の研究をジフテリアの時と同様に進めたいと望んでいたが、研究は失敗に終わった。

狂犬病、より正確にいえば狂犬病がもたらした診断と予防の問題のおかげで、この旅は無駄にはならなかった。ウィリアムズは米国に戻る際、狂犬病ワクチンの培養液をおみやげに持ち帰った。ニューヨーク市保健局の研究室で、彼女はこの培養液に注意を払い、大切に育てた。最終的に彼女は一五人に予防接種が打てるだけの狂犬病ワクチンを生産した。ウィリアムズの関心を受けて、狂犬病ワクチンの生産は国家規模の大きな取り組みとなった。

問題の一部を引き渡すと、ウィリアムズはウイルスの検出の研究に戻った。狂犬病は診断がきわめて難しく、科学者が患者の病気を具体的に特定した時点で、ワクチンを用いる機会は逸していた。狂犬病は神経系や脳に影響を及ぼすことから、ウィリアムズは体内にウイルスがあることがわかる標識を探し始めた。それが見つかれば、早期発見につながる可能性がある。果たせるかな、ウィリアムズは狂犬病ウイルスが脳内の細胞の構造を荒らしていることに気づいた。これは大きなニュースだったが、ウィリアムズはまたしてもヘッドラインを飾る機会を失った。彼女が実験結果を慎重に確認し、ダブルチェックにいそしんでいる間に、アデルキ・ネグリという名のイタリア人医師が単独で狂犬病ウイルスに感染した神経細胞内に特徴的な封入体を発見したのである。ネグリはウィリアムズに先んじて学術雑誌に研究成果を発表した。狂犬病ウイルスに冒された細胞の封入体は、現在ネグリ小体と呼ばれている。

狂犬病に始まり、ウィリアムズは性病、眼感染症、インフルエンザ、肺炎、髄膜炎、天然痘に関する研究を進めてきた。自分の研究は早い段階から「生命の謎とはどのようなもので、なぜ、いつ、どこで、どのようにして起きたのかを解明したい」(4)という動機によって突き動かされてきたのだと彼女は説明した。「こうした資質は年を追うごとに強まり、ついには情熱となったのです」

一九三四年、ウィリアムズを含めた一〇〇人近くの労働者が、七〇歳を超えているという理由で、ニューヨーク市長フィオレッロ・ラガーディアによって退職を余儀なくされた。市長はウィリアムズを追い払ったが、彼女が細菌学に重要な貢献をしたことは、はっきり理解していた。市長はウィリアムズのことをこう呼んだ。「国際的に名高い科学者」(5)と。

引用文献

(1) John Emrich, "Anna Wessels Williams, M.D.: Infectious Disease Pioneer and Public Health Advocate." *AAI News- letter*, March/April 2012.

(2) *Changing the Face of Medicine*. National Library of Medicine, www.nlm.nih.gov/changingthefaceofmedicine/physicians/biography_331.html. accessed November 1, 2013.

(3) Regina Markell Morantz-San-chez, *Sympathy & Science: Women Physicians in American Medicine*. Chapel Hill: University of North Carolina Press, 2000.

(4) Ibid.

(5) *New York Times*, March 24, 1934.

アリス・ボール

Alice Ball

1892-1916

化学者、アメリカ人

アメリカ人作家ジャック・ロンドンは、ハワイ州モロカイ島のカラウパパを「地獄であり、地上で最も呪われた地」(1)と呼んだ。三方を海に囲まれ、背後は二千フィートの切り立った崖に阻まれていた。中に入るのは容易ではなく、出るのはさらに困難だった。

この区域の住人は、「生きながらの死(living death)」と呼ばれる状態におかれていた。一八六六年から八〇年もの間、約八〇〇〇人のハンセン病患者が家族から引き離され、拘束され、カラウパパに移住させられたまま生き別れとなった。家族にとって、カラウパパへの旅立ちは死も同然だった。葬儀と財産分与を行い、家族はまだ生きている人物の喪失を悼んだ。患者は病気をまき散らす危険人物とみなされ、治癒の見込みがないために治療を受けることもできなかった。

ハンセン病は皮膚を破壊する。目、鼻、および喉の粘膜と、脳と脊髄の外部にある末梢神経を侵す。痛覚は消え、病変が生じた皮膚も同様だった。身体の損傷は結核菌の近縁である菌によって引き起こされる。ハンセン病は多くの人が考えるほど伝染しやすくはないが、現代に至るまで、医師はハンセン病が患者の体内でどのように進行するのかをいまだ理解していない。

何百年にもわたり、ハンセン病の特効薬とされてきたのは、イイギリ科のダイフウシノキの種子からとれる大風子油だった。人々はその油を皮膚に塗り、飲用し、注射することもあったが、その摂取方法には問題があった。ローションのように油を擦り付けることが悪い影響を及ぼすことはなかったが、良い効果をもたらすということもなかった。油の苦味は、飲み込む際に吐き気を催させた。注射した場合は、水や油を注射したときに予期されることとまったく同じように、皮膚の下にただひとかたまりにとどまるだけだった。注射液は皮下のカタツムリのようになり、動くたびにヒリヒリと痛んだ。まともな解決策はなかった。

それでも研究者たちは治療法を探していた。カラウパパの向こう側にはただ一つ島があり、その島にあるホノルルのカリヒ病院から出張してきた外科医ハリー・T・ホルマンは、ハンセン病患者に格別の関心を抱いていた。患者たちが発病したとき、ホルマンは治療にあたった医師の一人だったからだ。一八七九年にハワイ諸島に大風子油が導入され、ホルマンはその名高い特性に興味をそそられた。実際に症状の改善を示す患者もいたが、概して有効性は不確かだった（治療効果が均等でなかった理由の一つは、大風子油として売りさばかれたすべての油が必ずしも本物ではなかったということにあった）。

ハンセン病の注射療法に大風子油を利用する優れた方法を模索している科学者は世界中にたくさんいたが、ホルマンはその一人だった。このプロジェクトには化学者が必要だった。そしてその化学者こそが、アリス・ボールである。

ホルマンが声をかけたとき、ボールは二〇代前半で、ハワイ大学の専任講師だった。彼女はワシントン大学で学部教育を受け、一九一二年に化学の学位を、一九一四年に薬学の学位を取得して卒業した。子供のころ、ボールはハワイに住んでいた。ボールの両親は温暖な気候を利用して祖父の関節炎を和らげようと、ワシントン州からホノルル市に引っ越したのである。移住生活は一年続いた。ボールの祖父が亡くなり、一家はシアトルに戻った。

ワシントン大学で学んだ後、ボールは米国化学会誌『ジャーナル・オブ・ジ・アメリカン・ケミカル・ソサエティ』に論文を掲載し、化学の修士号を得るためにハワイに戻った。一九一五年、彼女はハワイの大学で大学院の学位を取得した初めての女性、かつ初めてのアフリカ系アメリカ人となった。ボールは専任講師として同大学に在籍を続けた。

ボールがホルマンと仕事を始めた頃、大風子油の医療利用はきわめて厄介で、当時多くの科学者が途方に暮れていた。治療薬が水溶性でない場合、科学者はその薬を体内に吸収されうる塩形態にすることが多い。しかし大風子油を塩形態にすると、その塩は大きすぎて石鹸のように作用し、体内の赤血球にひどい損傷を与える可能性がある。ボールは独自の解決策を探る必要があった。

未処理の大風子油は、調理油よりはハチミツに近かった。ボールはそれを薄くのばす方法を見つけ出さねばならない。ボールが大風子油を水とよくなじむように軽く混ぜると、どうやら弾かれるよりも吸収されるようだった。ボールは大風子油の脂肪酸にアルコールと触媒を加えて反応を開始させ、粘性の低い化合物を生成させた。

さらに巧みな処理を加えたことで、ボールは大風子油を注射で身体が吸収できる形態に調整することに成功した世界で最初の人物になった。彼女の製剤処方によって、腫瘍も苦味もなくなり、患者はいくらか苦痛を取り除くことができた。講義スケジュールに合わせて研究を進めてきたボールは、たったの二三歳で大発見をなした。

一つの大問題を解決すると、またすぐにボールは別の問題にぶちあたった。二四歳のボールは、講義の途中で誤って塩素ガスを吸入した。今回の反応は彼女にとって思わしいものではなかった。塩素は体内の水分と反応し、酸に変化する。ボールは自らを救うため最後の力を振り絞ってシアトルに戻ったが、身体に被ったダメージは大きく、ついに命を落とした。

彼女の死から二年経った一九一八年、カリヒ病院に入院していた七八人のハンセン病患者が退院したことを、米国医師会誌『ジャーナル・オブ・ジ・アメリカン・メディカル・アソシエーション』が報じた。患者たちが戻った先はカラウパパではなく、元の家だった。ボールの大風子油調合剤が功を奏したのだった。四年間、一人たりとも新しい患者がカラウパパに追いやられることはなく、そのほかのハンセン病患者も仮出所を許された。性、人種、そして大風子油のバリアを破った化学者のおかげだった。

引用文献

（1）Jack London, *The Cruise of the Snark*. New York: Macmillan, 1911.

ゲルティ・ラドニッツ・コリ
Gerty Radnitz Cori
1896-1957
生化学者・チェコ人

「私の研究者人生において、まれに忘れがたい瞬間が訪れることがありました。単調な作業の果てに自然界の秘密を覆うベールがふいに上がるように見えたとき、そして暗く混沌としていたものが澄み切った美しい光とパターンとして現れたときです」(1)。ゲルティ・コリの言葉である。この言葉はラジオシリーズ「ジス・アイ・ビリーブ」で最初に録音され、一九五七年の彼女の追悼式で再び流された。

ゲルティ・コリはそのキャリアにおいて、研究パートナーである夫のカールとともに、秘密を覆うベールを繰り返し持ち上げ、まばゆいばかりの発見を次々に明らかにしてみせた。その中には食物が筋肉に燃料を供給する機序に匹敵する重要な化学作用も含まれていた。グリコーゲンと乳酸、そして両者と運動との関係という一連の生化学サイクルは、ひっくるめて「コリ回路」と呼ばれる。コリ夫妻は、初めて試験管内でグリコーゲンを合成した人物だ。一九三九年当時、それまで生細胞の外で大きな生体分子を作った者がいなかったことを考慮すると、これは大変な成功だった。コリ夫妻は数多くの酵素を発見し、酵素が化学反応を制御する仕組みも研究した。今日、これらの発見は生化学の理解における基本であり、高校教科書で学ぶことが標準的となっている。

一九三一年から死ぬまで、ゲルティ・コリはセントルイス・ワシントン大学で酵素研究の中核を担う研究室を率いていた。夫妻と研究するために世界中から研究者たちが訪れ、研究室全体で八人のノーベル賞受賞者を輩出した。

同僚によると、夫婦の中でもゲルティは「実験室の天才」だった。実験データに厳しく目を光らせ、完璧を要求するのは彼女だった。彼女は生まれながらに猛烈なスピードで生きていて、研究室に皆を連れ込み、その中にはカールも含まれた。研究の最前線に立ち続け、学生を定期的に図書館に派遣して興味深い記事を書き写させた。目に飛び込んでくるような記事に出会うと、ゲルティは廊下を走ってカールの事務室に向かい、記事について彼と議論した。彼女は煙草をスパスパ吹かしていたから、飛び散った灰のあとをみればその精力的な活動ぶりをたどることができた。

ゲルティは同僚には厳しかったかもしれないが、そこでの指示は、実験条件を理想的に整えることに大いに関わるものだった――彼女はただ、生化学において重要な仕事ができるということに全力でわくわくしているだけだった。彼女が誰かのミスを叱るときも、その反応は研究の楽しみをまる一日遅らせたことへの失望から来ていた。

研究室でなされたいくつもの発見の中心には、ゲルティとカールとのパートナーシップがあったが、それはプラハ大学医学部在学中に（よりにもよって）解剖学の授業で築かれたものだった。二人は結婚する前から一緒に論文を発表していた。一九二〇年に結婚した二人はこの結婚生活を続けたいと願ったが、東ヨーロッパでは、政治的にも、社会的にも、地理的にも二人に不利にはたらく強い力が働いていた。ゲルティはカールと結婚するにあたりカトリックに改宗したが、それでもなお反ユダヤ主義はきわめて深刻で、カールの家族は妻がユダヤ系であるために仕事の前途に傷がつくのではないかと心配した。さらに、かつてオーストリア＝ハンガリー帝国だった地の国境は流動的だった。ある時、カールは友達数人と労働者の格好でチェコスロバキアの研究所を秘密裏に解体し、研究所の創設者の故郷であるハンガリーで再び組み立てなおした。

コリ夫妻は、自分たちにとって最良のチャンスはおそらく海外にあると判断した。カールは、悪性疾患に取り組むニューヨーク州バッファローの研究センターから職のオファーを受けた。ゲルティはウィーンの小児病院で先天性甲状腺機能不全を研究していたが、バッファローの研究センターで病理学者の助手職を彼女のために確保したとカールから聞かされて、その病院を辞めた。カールの到着から六カ月後、ゲルティも彼を追って米国にやってきた。

バッファローでは、研究の自治を求めて管理側と争った。所長が内容を読まずに夫妻の論文に自分の名前を書き足した際は、コリ夫妻はその名を削除してから原稿を版元に送った。所長が癌は寄生虫のしわざであるという彼の理論を押し付けようとしたときは、ゲルティが協力を拒否し、あやうく解雇されかけた。所長はゲルティにセンターの仕事を続ける唯一の道は、自らの研究スペースから動かず、カールとの共同作業を止めることだと脅した。当然のことながら、二人はこっそりとお互いのスライドを盗み見て、結果を議論した。

まもなく二人はいつもの調子を取り戻し、一緒にグリコーゲンの研究に深くのめり込んだ。九年間で、二人は五〇本の論文と「コリ回路」の全体構造を取りまとめた。

転職の時期がやってくると、コーネル大学、トロント大学、ロチェスター医科大学はすべてカールを招聘した。一方、ゲルティの交渉は難航した。彼女はカールを招こうとしていた大学に叱責され、あなたが大学での職位を要求することはカールのキャリアを台無しにすることだと告げられた。大学が理解していなかったのは、コリ夫妻は一緒に働くことで最高の仕事ができるということだった。確かに性差別もあったが、親類雇用禁止のルールが配偶者を雇うことを困難にしていた。大恐慌時に非常に多くのアメリカ人が失業したため、家族二人が同じ大学で働くことは、不公平だとみなされたのだ。

セントルイス・ワシントン大学医学部は、公立校ではなく私立校だったので、ゲルティが就職できる抜け穴を探し出した。カールは研究教授として、ゲルティは研究助手として迎え入れられた。肩書に差はあったが、コリ夫妻は常に平等であるようにふるまった。

勤務中の二人はしょっちゅう研究について話し合っていたが、研究室の外でも仲が良かった。プライベートではスケートや水泳にいそしみ、パーティを開き、限られた休息の時間に進行中の実験についての議論は避けようとした。大学勤務時代、昼休みの一時間はコリ夫妻が主導するお話の時間になった。二人は同僚たちを広範囲に及ぶ情熱で大いに楽しませた。話題はワインから研究報告、趣味の読書の内容まで多岐に渡った。

お話の時間が終わると、チームは全速力で仕事に戻った。一九三六年、コリ夫妻は生体がグリコーゲンを糖に分解する仕組みを解明した。一九三〇年代の最後の数年は、新しい酵素を研究し、その目的を突き止めることに費やした。コリ夫妻がホスホリラーゼを発見したとき、科学者が炭水化物の代謝を分子レベルで観察した初めての例となった。

試験管グリコーゲンはコリ夫妻に、そして大規模な研究団体に高揚感をもたらした。カールはちょっとした見世物としてカンファレンスの聴衆の前で手早く分子を作ってみせ、その試験管を全員に回覧させた。

外部からの圧力によって、ゲルティの大学での正式な地位はようやく上がった。ハーバード大学とロックフェラー研究所から、コリ夫妻をそろって教授にしたいというオファーが来たのである。ワシントン大学がこのオファーを断るには、対抗策としてゲルティを昇進させるしかなかった。

科学ジャーナリストのシャロン・バーチュ・マグレインによると、「コリ夫妻の研究室は一九四〇年代終わりから一九五〇年代初頭にかけて、立てつづけに多くの発見をし過ぎて、カール氏は少し不安になっていた」(2)という。二人に多くの成功をもたらしたものは、運ではなく、猛烈な仕事ぶりだった。ゲルティは毎日研究室に張り付いていた。

ゲルティは一九四七年、カールと自分が「グリコーゲンの触媒的分解経路の発見」(3)によってノーベル賞を受賞したことを知ったが、同年、珍しい症状の貧血を患っていることにも気づいた。彼女はその貧血によって一〇年後、命を落とすことになる。望みある治療法が見つかればどこへでも、コリ夫妻は足を運んだ。二人はゲルティの健康状態を改善するものを見つけるために世界中を飛び回った。

ゲルティは自身の病気を隠していたが、周囲は彼女の日常の所作から病気の気配に気づいていた。

ゲルティが休めるように、研究室には折り畳み式ベッドがおかれた。輸血でエネルギーを消耗するため、彼女はイライラすることが増えた。病気に関わるとある出来事で、ゲルティはカールが彼女のために雇った看護師を辞めさせた。彼女はもはや大発見に興奮して吹っ飛ぶように廊下を走ったり、飛び跳ねたりするゲルティにはなれなかったが、常に彼女を彼女たらしめていた情熱で仕事を続けた。ゲルティが研究室内の部屋移動もままならなくなると、カールがひょいと抱えて運び、ともに働いた。二人は最後まで一緒だった。

引用文献

（1）Gerry Cori, *This I Believe*, hosted by Edward R. Murrow, September 2, 1952.
（2）Sharon Bartsch McGrayne, *Nobel Prize Women in Science: Their Lives, Struggles, and Momentous Discoveries*. 2nd ed. Washington, DC: National Academies Press, 2001.（邦訳：シャロン・バーチュ・マグレイン著、中村桂子監訳、中村友子訳『お母さん、ノーベル賞をもらう　科学を愛した14人の素敵な生き方』工作舎、一九九六年）
（3）Nobel Prize, http://www.nobelprize.org/nobel_prizes/medicine/laureates/1947/cori-gt-facts.html, accessed August 20, 2014.

ヘレン・タウシグ

Helen Taussig

1898-1986

医師・アメリカ人

ヘレン・タウシグは心臓を研究したが、その音を聞くことはできなかった。三〇歳になったあたりから「ドクン、ドクン」という音が聞こえづらくなり始め、生きていることを示す最も基本的な指標が、衰えつつある耳からこぼれていった。応急措置として、彼女は聴診器を改造して増幅器を取り付けた。しかし聴覚がいよいよ悪化するにつれ、タウシグは心拍を聞くのではなく、感じとるようになった。彼女はモールス符号のようなリズムをつかみ、心臓の異常を示すシグナルを読み取った。血圧の数値と心電図像も参考にしつつ、タウシグは一連の手がかりをまとめ、説得力のある診断を下した。彼女はこの三角測量のような作業を「クロスワードパズル」(1)と呼んだ。

タウシグは小児心臓病学の創始者だった。彼女が一九三〇年頃にこの領域に足を踏み入れたとき、小児心臓病は手の尽くしようがない専門科だとみなされていた。心臓切開手術が行われるようになる前は、医師は心臓の異常を診断しても、実質的な治療は何もできなかった。小児患者は亡くなるのが当たり前だった。子供たちの死後、解剖がクロスワードの最後の手がかりを提供した。

それが何になるのかはっきりとわからないまま、タウシグは診断の方針を立てるための患者の健康と心臓に関するデータを収集していた。データ収集は診察で見つけた心臓異常の解決策ではなかった。しかし一〇年以上にわたる観察と検査ののちに、タウシグはこれまで診てきた先天性心臓欠陥とその兆候をまとめたきわめて包括的なカタログを蓄積していた。

タウシグは忍耐の経験に事欠かなかった。母を一一歳で亡くし、子供時代は失読症を補うために人一倍勉強に励んだ。ハーバード大学、ボストン大学、ジョンズ・ホプキンス大学の三大学（三大学とも！）から門前払いをくらいながらも、タウシグは心臓病学の道を志した。ハーバード大学の拒絶反応はとりわけ激しかった。ハーバード大学の医学部はタウシグの性別を理由に入学を認めなかったので、彼女は新しく開校した公衆衛生学校について質問した。その学校は医学と領域がかぶっており、女性の入学を認めていたからだ。回答は驚くべきものだった。確かに女性は授業に出席可能だったが、いくら努力しても学位を取得することはできないという。タウシグは「四年間勉強しても学位を得られないような学校に行くおバカさんなんていないんですか？」(2)と尋ねた。学部長は冷ややかに答えた。「いないと願いたいね」。彼女がそのカリキュラムを受講することはなかった。

タウシグが医学部から公衆衛生、心臓研究、小児科、小児心臓病と次々に志望を変えたのは、こういういきさつによる。振り返ってみれば、タウシグは自分を拒絶した場所を、より大きなチャンスへの通り道としてとらえていた。一九三〇年、彼女はようやくジョンズ・ホプキンズ病院の小児心臓病診療所で小児心臓病医の主任という職を得た。初めは人手がない中でやりくりしていた。タウシグはソーシャルワーカーと検査助手の手を借りて、必要に応じて電話対応や書類のファイリングを手伝ってもらうことにした。早い段階で、タウシグは患者の治療をすれば医学生が書類をファイルしてくれるという認識になった。ミーティングから何かを学ぼうと、医学生が手伝ってくれるようになったのである。だからタウシグは最終的にどのように利用するかはっきりとした考えを持たないまま、できるかぎり多くの患者を診てデータを収集することができた。

画期的な手術法が、小児心臓病患者に新たな輝かしい可能性を開いた。一九三九年、ハーバード大学の外科医が、動脈管を閉鎖して固定する手術を行った。動脈管は、二つの重要な血管をつなぐ心臓の開口部である。胎内では動脈管は開いているが、新生児の肺が空気で満たされ始めると、二つの動脈をつなぐトンネルは閉鎖されなければならない。この穴が自然に閉じられなかった場合、新生児の肺が大量の血液を取り込んで、うっ血性心不全をもたらし、酸素の乏しい血液が体内を流れて肌を青白くさせる。前述の外科医は、手技でこの穴を閉じる治療法を開発した。

この時点で、タウシグは一〇年近く仕事に没頭していた。彼女は動脈管開存症患者も診たが、動脈管が開いたままであることで恩恵を受けていると思われる複合心臓異常患者も診てきた。いくつかの症例では、動脈管の開いた部分が間接的に血液を行き来させて肺に十分な血液を送り、患者の生命を維持していた。タウシグは考えた。ひょっとして、外科手術で動脈管を開けることもできるのでは？

タウシグは自分の考えをハーバード大学の外科医に伝えた。「マダム」彼は答えた。「私は動脈管を閉じたんです。動脈管を造ったわけじゃない」(3)。他の外科医も同じように懐疑的で、同僚たちは彼女がそのアイデアを捨てようとしないことに困惑の表情を浮かべた。訴えかけから二年経ってようやく、タウシグはジョンズ・ホプキンズ病院の新しい外科部長であるアルフレッド・ブラロックを説得して、計画への協力を取り付けた。ブラロックは同大学の研究室に所属する技術者ヴィヴィアン・トーマスに、この手術を確実に成功させるにはどんな外科的処置が必要であるかを尋ねた。一九四四年、トーマスの指導のもと、ブラロックは生後一五ヶ月の女児のブラロック゠タウシグ・シャント〔訳注1〕を初めて成功させた。三例目の小児患者は、外科手術のおかげで見た目が急激に変化した。「手術室で最初の患者の青ざめた肌がピンク色に変わっていくのを見たときほど、喜びを感じられることはほかにないでしょう……明るいピンクの頬と鮮やかな唇を見る喜びったら」(4)とタウシグは回想する。「ああ、なんてすてきな色なんでしょう」

そうして小児心臓病学のまったく新しい時代が始まった。それまで閑散としていたタウシグの専門領域は、突如として多忙になった。彼女はこのときのことをこう語っている。「(ハーバードの)グロス博士が鍵を開け、私がゲートを開きました。ブラロック博士と私は全力疾走で走り出しました。そのあとをすかさず患者、外科医、心臓病専門医、小児科医の列が続きました」(5)。一九四七年、二〇年間におよぶ研究の集大成として、タウシグは先天性心不全に関する文字通りの教科書を執筆した。

タウシグは、小児心臓病学を学ぶ新人たちが、自分が受けたようなつぎはぎの教育をやみくもに受けるべきではないと強く感じていた。国立衛生研究所と児童局からの資金提供を受けて、ジョンズ・ホプキンズ大学で小児心臓病学の公式実習プログラムが始まった。タウシグは長年にわたり、一三〇人の若手医師に彼女が創始した分野で成功する方法を教授した。彼女は、患者ケアは臨床実習の必須要素であると強調した。医師は子供を病気のおちびさんではなく、子供として扱うべしと彼女は主張したのである。患者およびストレスがたまった家族の双方に対応するには、思いやりと忍耐が不可欠だった。教え子たちはヒトの心臓に対するタウシグの気迫のとりこになり、誇らしげに自分たちを「タウシグの騎士」(6)と呼んだ。

タウシグは一九八六年に亡くなるまで、退職後に四〇本の論文を発表し、アメリカ心臓協会初の女性会長を務め、リンドン・ジョンソン大統領から大統領自由勲章を授与された。タウシグはまた、先天異常を引き起こすと考えられる(その見立ては正しかった)薬を追放するよう食品医薬品局を説得することに貢献した。

キャリアを積む過程で、タウシグは心臓のためにとてつもない仕事量をこなした。しかし彼女は心臓をじかに扱うということがどういうことかを忘れたことはなかった。「成功に悲しみはつきものです」とタウシグは告白する。「成功した手術についてはありとあらゆることを読んでもらえますが、成功しなかった手術については、つらい仕事の悲しみと背景に触れられることはありません。けれど全体的に見れば、私は害よりも多くの善をなしたと思っています」(7)

訳注1　鎖骨下動脈と肺動脈をつなぎ、肺血流を増やすための手術

引用文献

(1) Jody Bart, *Women Succeeding in the Sciences: Theories and Practices Across Disciplines.* West Lafayette, IN: Purdue Research Foundation, 2000.

(2) Ibid.

(3) Ibid.

(4) Ibid.

(5) Ibid.

(6) Ibid.

(7) Jeanne Hackley Stevenson, "Helen Brooke Taussig, 1898: The 'Blue Baby' Doctor." *Notable Maryland Women*. Cambridge, MD: Tidewater, 1977.

エルシー・ウィドウソン

Elsie Widdowson

1906-2000

栄養学者・イギリス人

エルシー・ウィドウソンは膝に枕を乗せ左手で注射器を持ち、自らの右腕に鉄、カルシウム、マグネシウムの混合液を注入した。実験を始めるまで、ウィドウソンと研究パートナーのロバート・マッカンスは、鉄は排泄されると仮定していた。しかし、一九三四年に行われたこの実験に基づき、鉄は排泄されるのではなく、吸収されることを発見した。

ウィドウソンが一九三三年に栄養学の研究を始めた頃、栄養学はまだ新興分野で「食事学（dietetics）」と呼ばれていた。彼女は博士号取得の数年後、指導教官の推薦でこの分野に入った。ロンドン大学インペリアル・カレッジの植物生理学部に職を得たウィドウソンは、リンゴに含まれる糖質の変化を測定した。この仕事をするには、現地調査として毎月二回、ロンドン南東ケント州でリンゴを採集する必要があった。そのためウィドウソンは、最初の開花から倉庫に保管されるまで、生活環の各段階における果物の組成を測定することができた。

この研究を終えたあと、彼女はミドルセックス病院のコートールド研究所で生化学を学んだ。ウィドウソンはリンゴが嫌いなわけではなかったが、もっと直接人々のためになるような研究に近づきたいと願っていた。一九三三年、彼女はロンドンのキングス・カレッジ病院に就職した。

彼女は職場でマッカンスに出会う前から、彼の存在に気づいていた。マッカンスは肉の化学組成について学ぶために厚切り肉を手早く調理する科学者だった。二人の科学者には果物の研究をしているという共通点があったのである。ようやく二人が会話を交わしたとき、ウィドウソンはマッカンスの組成評価の一つに重大な誤りがあると伝えた。マッカンスは果糖（フルクトース）の変化を考慮しなかったため、糖質の数値を低く評価していた。つまり、その調査は間違っていたのだ。マッカンスは二人が協力することを提案する。一九九三年にマッカンスが亡くなるまで、二人はずっと研究パートナーだった

すでにマッカンスは、いくつかの主要な食品群の分析を着々と進めている最中だった。肉、魚、果物、野菜の栄養成分表が完成間近だった。一九三四年にマッカンスが家族旅行で不在だったとき、突如ウィドウソンの頭にある考えが浮かんだ。これらの基礎食品は重要ではあるが、なぜあらゆる食品を調べないのだろう？　菓子、乳製品、穀類、飲料などをすべて分析するべきだ。

『食品の化学組成』は一九四〇年に出版された。一万五千の数値を掲載し、調理済み食品および食品素材の栄養成分をまとめた世界初の包括的概論書だった。

同時に、ウィドウソンとマッカンスは並行して別の研究課題に次々と取り組んだ。一九三〇年代半ばの栄養学研究では、まだ多くのことが明らかになっていなかった。ある研究で、ウィドウソンとマッカンスは塩分欠乏が身体にもたらす影響を知ろうとした。彼らは健康な（しかし乗り気ではない）被験者を集め、二週間にわたり無塩食を提供した。すべての参加者は、強制的に発汗させるさや状の加温装置に一日二時間入ることに同意した。強制発汗セッションが終わるたびに、ウィドウソンは長

い白衣とトレードマークであるレイア姫風の編み込みヘアといういでたちで、被験者と加温装置のプラスチックシートにホースで水をかけた。研究員は、塩分の流出量を分析した。十分に塩分が枯渇すると、衰弱した参加者は各種試験、特に腎臓機能の試験を受けた。

ウィドウソンとマッカンスは、身体機能における水分と塩分の重要性を初めて示した。現代の病院は、特に腎臓病、心臓発作、糖尿病の症例に対し、水分量と塩分濃度を厳しく管理している。

一九四〇年代におけるウィドウソンの仕事の多くは、第二次世界大戦下の人々の必要栄養量を満たすという切迫した問題に対応したものである。この時期、ウィドウソンとマッカンスは、カルシウムを豊富に含むパン「モダンローフ」(1)の考案者という称号をわがものとした。英国政府は、食肉、砂糖、乳製品の供給が限られているため、国民に栄養価の高い食料を十分に提供することに関心があった。ウィドウソンとマッカンスは、同胞たちは供給量が豊富ないくつかの主要産物(キャベツ、ジャガイモ、パン)で作られた食事でも十分やっていけるだろうと予測する。仮説の真実性を検証するために、ウィドウソンと同僚たちは、皆でこの色どりに欠ける簡素な食事を三ヶ月間試してみた。実験の最後は、湖水地方での二週間にわたる過酷なマラソンハイキングで締めくくることにした。マッカンスは二日以上かけて自転車でやってきて、ウィドウソンは他の同僚たちと一緒に車で向かった。彼らは毎日ハイキングして、どのような食事を摂ったかを記録した。ある日のマッカンスは、主にキャベツ、ジャガイモ、パンからなる食事で、三六マイルを縦走している。少々のカルシウム欠乏を除けば、簡素な食事は素晴らしい成功とみてよかった。カルシウムは、小麦粉に粉乳を混ぜることで補うことができた。第二次世界大戦中に配給が実施されたときは、政府はこの節約食を大々的に宣伝した。食料は不足していたものの、英国史におけるどの時期よりも国民は健康的な食事を摂ることができた。

戦争が終わると、ウィドウソンは栄養失調の解決策を見つける手助けをするためにドイツに向かった。またもやパンが特別な関心の対象となった。ウィドウソンは真冬に孤児院から孤児院へ飛び回り、精製工程の異なるパンを比較する研究の場を募った。ウィドウソンは一八ヶ月間にわたり孤児の身長と体重を測定し、彼らが摂取したパンの種類と測定結果を突き合わせた。パン用小麦粉に添加された栄養素の量は、子供たちの成長に違いをもたらさなかった。ウィドウソンは孤児院にいる間、子供の体重や成長に大きな変化があることに気づいたが、どうやらそれはパンとは関係がないようだった。ある孤児院で発育が劇的に遅くなるのとほぼ同時期に、他の試験場では子供たちの体重が急増した。ウィドウソンはその原因に関して、影響を及ぼしているであろう外部要因の調査に着手した。消去法で、子供たちを非常に冷酷に扱う寮母の存在が浮上した。その寮母は第一の試験場所から、第二の試験場所に異動していたのである。彼女がいる孤児院では、身長と体重の増加が停滞していた。ウィドウソンは次のように結論づけた。「子供たちに優しく愛情深いケアを施すこと、実験動物をていねいに取り扱うことは、念入りに計画した実験を成功させるにあたってたいへん効果があると考えられる」(2)

ウィドウソンの実践的な研究手法が失敗に終わったのは、ほんの数回のみだった。彼女とマッカンスが自己注射を再実施したときは、床に倒れ込み、発熱、震え、体の痛みでもだえ苦しむはめになった。同僚は彼らを家に連れて帰り、介抱しなくてはならなかった。それでもなお、ウィドウソンとマッカンスは実験を継続し、冷や汗から試料を採取した。「ちょっとした事故だよ」(3)と二人は失敗を認めた。

ウィドウソンは課題を掘り下げていくことを心から愛していた。その課題がアザラシの赤ちゃんの死体をトランクに入れてスコットランドからケンブリッジまで運転し、脂肪含有量を分析することであろうと、空港の金属探知機を行ったり来たりして一体何が警告音を鳴らしているのかを解明することであろうとも。実験は抗いがたい魅力に満ちていた。彼女の健康の秘訣は好奇心だったのである。

引用文献

（1）Jane Elliott, "Elsie—Mother of the Modern Loaf." *BBC News*, March 25, 2007.
（2）Margaret Ashwell, "Elsie May Widdowson, C.H., 21 October 1906–14 June 2000." *Biographical Memoirs of Fellows of the Royal Society*, December 1, 2002.
（3）Ibid.

ヴァージニア・アプガー
Virginia Apgar
1909-1974
医師・アメリカ人

同僚の子供と一緒にサイクリングしているときも、野球の試合を応援しているときも、飛行レッスンを受けているときも、ヴァージニア・アプガーは誰かが救急気管切開を必要とする場合に備えて、次のものを肌身離さず持ち歩いていた。ペンナイフ、気管内チューブ、喉頭鏡。仕事が〝オフ〟の日でさえ、彼女の医療にかける気持ちは〝オン〟だった。「私の近くでは一人たりとも呼吸を止めさせない」(1)

アプガーは麻酔学に取り組んだ最初期の医師の一人だった。彼女は早口で頭の回転が速く、汲めども尽くせぬエネルギーの源だった。ニュージャージー州で育ったアプガーには、アマチュア発明家かつ科学者の父と、慢性疾患を有する兄がいた。アプガーは家族のことを「決して座らない人たち」(2)と冗談交じりに評している。彼女もまたそうだった。大学では、動物学の学位を得るために最高点を取る一方で、大学新聞で記事を量産し、七つのスポーツチームのメンバーになり、演劇に出演し、オーケストラでバイオリンを弾いた。家族が一九二九年の株価大暴落の打撃をてひどく受けた後は、動物学研究室のために野良猫を捕獲するなどさまざまな雑用仕事を見つけ出してきた。出身高校のイヤーブックの編集者は、「素朴な疑問なんですけど、彼女はどうやってやりくりしてたんですか？」(3)と尋ねた。この質問は、アプガーの人生のいかなる時期においても適用できるだろう。

アプガーが時間を割こうとしなかったこともいくつかあった。すなわち、官僚主義とお役所仕事である。それらのせいで患者の支援や適切な行動が妨げられていると感じたら、彼女は無視することにした。子供がエレベーターを怖がった場合は、アプガーは子供を抱っこして階段を利用した。医学部の研修期間中、アプガーは患者の死につながるミスをしたかもしれないと気に病んだ。剖検を依頼したが、認められなかった。真実を明らかにしたいという要求は抑えきれず、ひっそり忍び込んで切開を再び開始した。アプガーはただちに上司に自分のミスを報告した。

彼女は不誠実や欺瞞に我慢がならなかった。自分の失敗を認める力量や麻酔学の変化に適応する能力は、ともに彼女自身のオープンな姿勢を示す例だが、そうした能力はこの学問領域を前進させることに貢献した。そもそも麻酔学を始めたのも、彼女の柔軟性ゆえだった。

アプガーが一九三三年にコロンビア大学の外科でインターンシップを始めたとき、彼女はアメリカで外科を学んでいるほんのわずかな女性のうちの一人だった。外科部長のもとで働いてたアプガーは、彼の勧めで当時は医学の専門分野とすらみられていなかった新興の麻酔学に目を向け、参入した。指導教官にとって、麻酔学の勧めは自己都合によるものだった。彼はアプガーの能力に感嘆し、彼女の必要性を見出したのである。当時、患者が麻酔を必要とする場合は、看護師がその務めを果たしていた。しかしアプガーの指導教官は、外科手術が複雑になるにつれて、麻酔術を高度に熟練した施術者に合わせて進歩させねばならないと実感していた。施術者は急成長分野で道を築けるほどに才能があり、信念に駆り立てられた人物でなければならない。

アプガーは実習のため、一年間コロンビア大学を離れた。一九三七年にコロンビアに戻ると、コロンビア長老派教会医療センターの外科における麻酔部門のあり方を策定した。彼女は麻酔部門の責任者の肩書を求め、組織構造を提案し、研修制度を創設することにより、すでに麻酔を担っている看護師を解雇することなく専門家を増やす方法を打ち出した。アプガーは一一年間にわたり麻酔部門を率いて医学生を教育し、専門家を採用し、研究を行った。彼女は麻酔分野の発展を助けるのに大いに貢献したが、麻酔部門が麻酔科に格上げされたときに、麻酔科主任教授の地位を与えられたのは男性同僚だった。

アプガーは新生児医療に目を向けることにした。分娩中の妊婦に麻酔ガスを投与している間、不思議なことにあるデータが欠如していることに気づいた。病院分娩のおかげで、出産における母子の生存率は上がったが、生後二四時間以内の新生児が危機にさらされていることに変わりはなかった。

アプガーがこの問題に目を向けたとき、驚くべきことを知った。新生児は出生直後に検査を受けていなかったのである。即時的評価がないために、医師は新生児の死因の半分を占める酸素欠乏の兆候を見逃していた。さらにアプガーは、新生児を比較する基準が事実上存在しないことに気づいた。母親が妊娠中に薬を投与されていた場合、新生児が一回呼吸したあと数分間呼吸をしないことがあった。それを呼吸とカウントするか無呼吸とみなすかは分娩を担当した医師にまかされていた。アプガーは、今となっては当たり前のように聞こえることを明言した。新生児は苦しんでいればはっきりとした兆候を示す。すべての新生児はこのような危険信号を測定されるべきだ。

新生児の状況を迅速かつ標準化された方法で評価するにはどうすればいいのか、研修医はアプガーに訊ねた。「それは簡単」(4)と彼女は答え、近くの紙きれをつかんだ。「こういうふうにすればいい」

その評価システムは医師の注視を要する五つの主要領域(心拍数、呼吸、刺激に対する反応、筋緊張、皮膚の色)をカバーするものだった。各項目は〇〜二点で採点された。ただちにアプガーと同僚たちは、点数と赤ちゃんの健康との間の関連を見出すべくこの評価システムを配備した。点数の低さは、二酸化炭素および血液のpH値に問題があることを示すサインだと彼らは気づいた。点数の合計が三点以下のケースでは、赤ちゃんはたいてい蘇生ケアが必要な状況にあった。

たった一つの赤ちゃん点数化システムの影響力は抜群だった。幾千もの赤ちゃんを分析することの効果は、原っぱの落ち葉をいきなり色別に整理することにも似ていた。わずかな危険の兆候はすべて分類され、共通の原因を明らかにするものとなった。低い点数は分娩方法および母親に投与された麻酔の種類と相関した。この手軽で効率的な評価システムが導入される以前、医師はこのような関連性に気づくことはないか、それらを証明するに足る一貫したデータがなかった。この評価システムは優れた公衆衛生統計モデルの基礎となり、ニューヨークから全国の病院に広がった。

デンバーで導入された際、アプガーの評価システムにようやく名前がついた。最初の発表から九年後の一九六一年、とある研修医がキャッチーで覚えやすい語呂合わせを思いついた。

A – Appearance:見た目(皮膚の色)

P－Pulse：脈拍（心拍数）
G－Grimace：しかめっつら（刺激に対する反応）
A－Activity：活動性（筋緊張）
R－Respiration：呼吸

この頭文字を合わせて、アプガースコアと呼ばれるようになった。（麻酔科医のほうの）アプガーはこの名前を気に入った。

データが大量に入手できるようになった一方で、アプガーはそれらを扱う能力が自分に不足していると感じていた。よりよい医師を目指して常に新しい物事を学ぼうとするアプガーは、公衆衛生の修士号を取得するため病院の仕事を休職した。国立財団「マーチ・オブ・ダイムス」はこれを好機とアプガーに近づき、仕事のオファーをした。

いつものように、ここでも彼女の好奇心が意思決定を推進した。中年期にキャリアを切り替える考えに魅かれたアプガーは、修士号を取得すると、「マーチ・オブ・ダイムス」の先天性異常研究助成金部門の主任という新しい役割に飛びついた。

一四年間、アプガーは全国を飛び回り、生殖過程の情報を広め、先天性欠損症につきまとう悪いイメージを一掃しようと努めた。頭の回転が速く機知に富んだ性格のおかげで、テレビ司会者や行く先々の患者の間で人気者になった。よく言われていたように、アプガーは「人間を診る医師」(5)だった。患者のみならず、視聴者、そして出会った人々とは誰とでもすぐにつながることができた。「彼女の暖かさと好奇心は、一度も触れたことのない相手にすら、抱きしめられているような感覚をもたらしてくれる」(6)。一緒に働いていたあるボランティアはこう語った。彼女が主導的役割を果たしている間、財団は収益が二倍になった。

アプガーは人々と働き、飛行機を操縦し、(息を切らす同僚や友人たちを後目に)野球の試合を応援した。それは健康状態が悪化するまで続いた。彼女は一九七四年に亡くなったが、アプガースコアは今も使われている。アプガースコアは前世紀の大半にわたり、世界中の赤ちゃんたちを守り続けた。

引用文献

(1)"The Virginia Apgar Papers: Biographical Information." US National Library of Medicine. http://profiles.nlm.nih.gov/ps/retrieve/Narrative/CP/p-nid/178, accessed June 13, 2014.
(2)Ibid.
(3)Ibid.
(4)"The Virginia Apgar Papers: Obstetric Anesthesia and a Scorecard for Newborns, 1949–1958." US National Library of Medicine. http://profiles.nlm.nih.gov/ps/retrieve/Narrative/CP/p-nid/178, accessed June 13, 2014.
(5)"The Virginia Apgar Papers: The National Foundation–March of Dimes, 1959–1974." US National Library of Medicine. http://profiles.nlm.nih.gov/ps/retrieve/Narrative/CP/p-nid/178, accessed June 13, 2014.
(6)Joseph F. Nee, memorial service, "The Virginia Apgar Papers." US National Library of Medicine. New York, September 15, 1974.

ドロシー・クローフット・ホジキン

Dorothy Crowfoot Hodgkin

1910-1994

生化学者・イギリス人

オックスフォード大学博物館の洞窟めいた地下室では、天蓋にかかるクリスマス電飾のように高電圧の電気ケーブルが天井から垂れ下がっていた。研究スペースを美しく飾るただひとつのゴシック様式の窓は、はめ込み位置が高く、窓の光を利用するには階段が必要だった。ドロシー・ホジキンが同博物館のX線結晶構造解析研究室を率いていた二四年の間に、少なくとも一人が六万ボルトの電流に感電している（幸いにして命は取りとめた）。研究室は資金不足で、ホジキンは正当な評価を得られていなかったが、彼女はどうにかやりくりしていた。劣悪な条件下にあっても、ホジキンは優れた能力によってX線結晶構造解析の第一人者に上り詰めた。

X線結晶解析が学問の一分野となったのは、一九一二年にマックス・フォン・ラウエがX線回折パターンによって分子の原子構造の多くが明らかになることを発見してからのことだ。解析作業は、「結晶」と呼ばれる規則正しい反復パターンで構成された分子に始まる。X線を結晶に照射すると、分子がX線を回折し、その結果として模様が写真乾板に記録される。その模様は、研究者が分子の立体構造を理解する手がかりの宝庫だった。コンピュータ登場以前、その解読はとりわけ骨の折れる作業で、何年にもわたる計算をこなせる数学力と人並外れた忍耐力が必要だった。ホジキンはプロだった。

ホジキンがキャリアをスタートした一九三〇年代前半、最も単純な結晶コードの解読ですら、何万もの計算を手動加算器で実行する必要があった。方程式は電子密度マップと呼ばれるものを構築するために使われた。電子密度マップは地形図のように見えるが、結晶の電子が最も集中している場所を示すものである。X線を照射してから構造がわかるまでに、数カ月ないしは数年を要した。

一九三六年、ホジキンが八四〇〇枚の細長い紙片が詰まった二つの箱を手にする栄誉にあずかったことで、雪かきのような計算作業は少し楽になった。「ビーヴァーズ‐リプソン紙片」と呼ばれるこの箱は、結晶学者のためのカードカタログのようなものだった。紙片は上から下までいっぱいに三角関数の値が細かく並べられており、ホジキンはこの数表を使うことで数学作業に費やしていた時間を削減することができた。

ホジキンは一九三〇年代後半にコレステロール分子の解読を開始する。彼女の仲間の大半は、結晶学では解読できないだろうと口々に言った。しかしある友人が愛情をこめて「優しい天才」(1)と呼ぶホジキンは、コレステロール結晶にX線を照射し、加算機のキーをたたき始めた。伝統的な化学者たちが失敗したその作業を、結晶学者は成功させたのである。

電子密度マップを解読する驚くべきスキルの噂が広まったことで、気がつくとホジキンは未解決の結晶構造を引き寄せる磁石のような存在になっていた。分子構造を調べる必要が出てくると、人々はホジキンのもとに結晶サンプルを持ち込んだ。何年もの間、ホジキンのところにはすさまじいものがいくつか送られてきたが、中でも難物はペニシリンだった。

一九四一年の時点で、ペニシリンにヒトの細菌感染を防ぐ効能があることは（特に戦時中に活躍したことによって）すでに知られていた。科学者たちはペニシリンの構造を理解することにより、医薬品開発企業がペニシリンを大量生産する手助けをしたいと願っていた。しかしペニシリン分子を科学的に理解しようとするさまざまな試みは、どれもうまくいかなかった。先んじて米国と英国の結晶学者は、知らず知らずのうちにさまざまな形のペニシリン結晶に取り組んでいた。ペニシリン結晶が多様な形をとりうることを誰も知らなかったのだ。さらに分子が重なりあっているため、写真乾板にさほどはっきりとした画像が示されることもなかった。

ホジキンとオックスフォードの大学院生は、あたかも大した課題でもないかのように、その化学基の知識もないままペニシリン分子の構造を解析しようとした。ホジキンは「初心者にとってはちょうどいいサイズ」(2)と冗談を言った。

ホジキンの解読作業により、ペニシリン分子が非常にユニークな方法で結合していることが明らかになった。ある化学者は驚きのあまり、ペニシリンの構造についての彼女の主張が真実なら自分はキノコ農家になると断言して、ホジキンの発見の否定に自分のキャリアを賭けた（ホジキンの計算結果が立証されたにも関わらず、この否定的な化学者がキノコ農家になることはなかった）。一九四六年、ペニシリン問題の最終的な答えが得られたことを知ったホジキンは、子供のように祝い、部屋をひらひらと飛び回った。四年がかりの作業だった。分子構造の発見により、新しい半合成ペニシリンとその普及が始まった。

この成功にも関わらず、オックスフォード大学がホジキンを正教授にするのは一一年以上かかった。研究室の改善は、一二年待たなければならなかった。

次なる大がかりな分子パズルは、非水素原子の総数がペニシリンの六倍以上にもなる分子だ。予想を覆すことがホジキンの性分だった。他の科学者たちはビタミンB_{12}はX線結晶学では解析できないと断言したが、ホジキンは挑戦した。

ホジキンのチームは六年にわたり、約二五〇〇枚ものビタミンB_{12}結晶の写真を撮影した。これらの画像処理は「ビーヴァーズ－リプソン紙片」で可能な範囲を超えていた。幸い、ホジキンのそばにはコンピュータプログラマーがいた。カリフォルニア大学ロサンゼルス校（UCLA）は結晶学計算に特化した新しいコンピュータを導入したばかりで、そこの学生プログラマーで化学者でもある人物はたまたまその夏、オックスフォード大学のホジキン研究室を訪れていたところだったのだ。学生がUCLAに戻ると、ホジキンはビタミンB_{12}に関する情報を郵送した。学生はコンピュータ処理した結果を返送した。その作業は長く、困難で、きわめてやりがいがあった。一つの原子が実際のサイズより一〇倍大きく描画されるようなミスが起きると、ホジキンは南カリフォルニアにいる学生プログラマーを元気づけた。全工程を通して、彼はホジキンが冷静さを失うところを一度たりとも目にすることはなかった。

作業を開始してから八年後、ホジキンはビタミンB_{12}の立体構造の決定に成功した。ある英国の化学者は、彼女のペニシリン研究を「音速の壁を破った快挙」(3)と称え、ビタミンB_{12}の構造決定については「すばらしいというほかない――非常に興奮しているよ！」と語った。

「X線回折法による重要な生化学物質の構造決定」[4]により、ホジキンは一九六四年にノーベル化学賞を受賞した。

ホジキンはいつも優しく上品だったが、必要とあらば断固としたふるまいに出ることもあった。彼女を見くびると、仕事はうまくいかなかった。高齢にさしかかっても、ホジキンは相変わらず人々を驚かせた。重度のリウマチ性関節炎や骨盤骨折を抱えながら、ホジキンはモスクワほかさまざまな場所を飛び回り、科学と平和に関する会議に出席し続けた。

引用文献

（1）Sharon Bertsch McGrayne, *Nobel Prize Women in Science: Their Lives, Struggles, and Momentous Discoveries*. 2nd ed. Washington, DC: National Academies Press, 2001.

（2）Ibid.

（3）Ibid.

（4）"The Nobel Prize in Chemistry 1964." Nobel Prize. http://www.nobelprize.org/nobel_prizes/chemistry/laureates/1964/, accessed August 15, 2014.

ガートルード・ベル・エリオン

Gertrude Belle Elion

1918-1999

生化学者・アメリカ人

ガートルード・エリオンは、失った人々を決して忘れなかった。一〇代の頃に胃がんで亡くなった祖父、感染性心臓疾患で突然死した婚約者、とある白血病患者、子宮頸がんで亡くなった母。エリオンは彼らが世を去るときに感じた切なる痛みを抱え続けた。その喪失の感情は、あらゆる原子の置換と薬剤の合成が功を奏する可能性を常に思い出させる役割を果たした。祖父の死は「転換点でした」(1)と彼女は打ち明ける。「まるでそこで合図が発せられたように思えたのです。これは私が立ち向かわなければならないことになる病気だと。そのほかのことはまったく考えられなくなりました。それは本当に突然でした」

エリオンの目的はただ一つだったが、製薬研究にたどり着くまでには紆余曲折があった。最初の障害は、化学で高い学位を得るための資金だった。彼女は一五の大学院に出願したが、学資を援助してくれる大学院課程は一つもなかった。大恐慌のさなか、大学の資産は男性に回された。それは雇用市場でも同じことだった。ある雇い主は、研究室にほかに女性がいないので、エリオンは「気が散る原因」(2)になるだろうと心配した。

愛する化学に近づくため、エリオンはどんな職でも順応し、うまくやっていくことにした。彼女は秘書専門学校に申し込み、看護学生に生化学を教えた。パーティーで一人の化学者に出会ったとき、彼女は無給で働くことを申し出た。

どうにか彼女はニューヨーク大学の大学院に一年間通える資金を集めた。エリオンは病院受付の仕事を見つけて生活費を賄った。

エリオンが最初に得たフルタイムの研究職は、食料品店の品質管理だった。ピクルスの酸度を検査し、スパイスの新鮮さを確かめた。その仕事から必要な経験を得たエリオンは、「私は教わるべきことをすべて学びました。私はもう何も学ぶことはありませんから、転職しなくてはいけません」(3)と事務的に経営者に告げて、仕事を辞めた。

エリオンの父は、薬品ボトルに記された「バローズ・ウェルカム社」という製薬企業の名に注目し、所在地が近かったことから、応募してみたらどうだと娘に提案した。バローズ・ウェルカム社は、エリオンの家からわずか一三キロ弱のニューヨーク・ウエストチェスター郡にあった。バローズ・ウェルカム社は、科学者たちに空間と自由と資金を与え、深刻な医学的問題を薬剤で解決する方法を思う存分追求させていた。エリオンが面接を受けに訪れたとき、ジョージ・ヒッチングスが会社にいたのは幸運だった。ヒッチングスは、ちょうどエリオンが取り組みたいと考えている種類の課題を研究していたからである。

一九四四年、ヒッチングスはエリオンを採用した。ヒッチングスは薬品開発のみならず、医学研究界のやりかたにも関心があった。薬品開発はトライ・アンド・エラーのやり方が標準的だったが、ヒッチングスはこの手法は紙袋の中のどこかに隠されている解決策を手探りで探すようなものだと考えていた。細胞増殖のような応用可能なテーマの知識を取り入れた論理的かつ科学的なアプローチで、新薬について知ることができないだろうか。

ヒッチングスは、核酸中のプリン塩基であるアデニンとグアニンの調査にエリオンを割り当てた（アデニンとグアニンは、DNAを構成する塩基成分A、C、G、TのうちのAとGである）。細胞が増殖するには核酸が必要で、腫瘍、細菌、原生動物が広がるときも大量の核酸が必要になる。そのためヒッチングスは、ほとんど知られていない核酸を解明すれば、研究チームは病気に向かって投げつけてその増殖を防ぐ「生化学的レンチ」を開発することができるかもしれないと考えたのだ。

ようやく希望の仕事に従事できる興奮から、エリオンは遅くまで残業し、週末も研究室に入りびたり、楽しそうに実験にいそしんだ。たとえ階下にあるベビーフード脱水プラント（それはニューヨークの蒸し暑い夏のさなかでも稼働していた）が排出する熱のせいで、フロアが摂氏六〇度のうだるような暑さになっても。彼女は仕事をとことん愉しんでいたから、仕事を後回しにして週末を家で過ごすことにしたときは、母は娘の具合が悪いんじゃないかと心配するほどだった。

エリオンは水を得た魚のようだった。有機化学、生化学、薬理学、免疫学、ウイルス学を猛スピードで研究した。それでも、彼女はまだ博士号を欲していた。エリオンは博士号を取得するため、仕事終わりにしばらく大学院に通っていたが、結局その課程から追い出されることになった。学長がフルタイムで博士課程に取り組むか、退学するかを選ぶように要求したのだ。エリオンは博士課程よりも仕事を選んだ。「まさか。私はこの仕事を辞めるつもりはありません」[4]と彼女は学長に説明した。「ずっとほしかったものをようやく手に入れたのですから」（ジョージ・ワシントン大学は彼女に名誉博士号を授与したが、エリオンは生涯博士課程を修了することはなかった)。

エリオンは会社にとどまり続けた。というのも、仕事はただひたすら楽しかったし、死病との闘いにおいてあまりに多くの成功を収めたからだ。一九五〇年における彼女の業績を紹介しよう。エリオンは、効果的ながん治療薬を二つ合成した。プリン塩基を覚えているだろうか。そう、彼女は白血病細胞の形成を妨害するジアミノプリンと呼ばれる化合物を開発したのである。ジアミノプリンは動物実験で素晴らしい成果を挙げ、ニューヨークのスローン・ケタリング記念病院は二人の重症白血病患者にこの薬物療法を試した。ある患者はてきめんに回復し、医師がしばらくの間、彼女はそもそも白血病患者ではなかったのかもしれないと考えるほどだった。その患者は薬物療法を止め、結婚し、一児に恵まれた。エリオンは白血病患者の平均余命を改善するもう一つの化合物を開発した。

二つの薬剤はがん治療の大きな突破口となったが、患者を助ける効果には限界があった。白血病を克服して母になった元患者が、薬物療法の二年後に再発して亡くなると、エリオンは完全に打ちのめされた。何十年経っても、彼女はこの症例を思うたび涙にくれた。

年が経つにつれて、エリオンは疾患研究の諸分野をまるでスキップで飛び超えるかのように、その世界そのものを進歩させる力になった。一九五〇年代初め、エリオンはまだ誰も手をつけていなかった薬物代謝の研究を始めた。抗がん剤は組み合わせる必要があったのだ。彼女の仕事は、白血病研究にまったく新しい波を作った。その後、一九七八年にエリオンは研究パートナーとともに、科学者たちのウイルスについての考え方を完全に覆すことになる。

抗ウイルス剤はさほど正確な攻撃者であるとは考えられていなかった。科学者たちは、抗ウイルス剤はウイルスのＤＮＡを標的にするが、健康な細胞のＤＮＡも攻撃するだろうと考えていた。しかしながら、エリオンの抗ウイルス剤研究は幸先のいいスタートを切った。エリオンが研究の初期段階で作成した試料を研究室に送って検査させると、心強い反応が返ってきた。「我々の知る限り、最高に効果のある薬です。単純ヘルペスウイルスとヘルペス帯状疱疹ウイルスの双方に対して有効です」(5)。エリオンの研究チームは四年間にわたり、化合物の有効性を高め、その代謝を確定するために微調整した。標的のウイルスだけを破壊する秘訣は？　エリオンたちが開発したものは、標的とするウイルスとうりふたつの化合物だった。あまりにそっくりなので、ウイルス自身が刺客を活性化させてしまう。そして活性化した化合物がウイルスを破壊するのだ。この薬剤は一九七八年に開催された科学会議で公表され、科学者が抗ウイルス薬にアプローチする方法を一変させる大発見として、たちまち歓迎された。

エリオンはこうした高みを目指して仕事一筋に生きた。しかしどんな化学パズルを解くことよりも、いかに仕事で人々を感動させたかという点において彼女は優れていた。一九六三年に開発を手伝った薬剤が一人の夜警のつらい痛風を治すところを、一九六七年には彼女が開発に取り組んだ免疫抑制剤のおかげで最初の心臓移植が行われたところを見守った。

一九八八年、「薬物療法における重要な原理の発見」により、エリオンとヒッチングスはノーベル生理学・医学賞を受賞した。受賞後、彼女のもとには感謝の意を表す手紙がどっと押し寄せた。ある人は、細網肉腫の末期だった息子が回復した話を詳しく語った。またある人は、ヘルペス脳炎の娘の命が救われたことについて記した。エリオンが開発を助けた薬剤のおかげで、重度の帯状疱疹に冒されても視力が維持された人もいた。エリオンは愛する者たちの死に対しては何もできなかったかもしれない。しかし、彼女がかつて所属していた機関の研究担当副社長はこう説明した。「今後五〇年にわたり、トルーディ［ゲートルードの愛称］・エリオンは人類がおかれた状況について、マザー・テレサ以上のはたらきを積み重ねていくだろう」(6)

引用文献

(1) Sharon Bertsch McGrayne, *Nobel Prize Women in Science: Their Lives, Struggles, and Momentous Discoveries*. 2nd ed. Washingron, DC: National Academies Press, 2001.
(2) Ibid.
(3) Ibid.
(4) Ibid.
(5) Ibid.
(6) Ibid.

ジェーン・ライト

Jane Wright

1919-2013

医師・アメリカ人

一九五二年にハーレム病院がん研究基金の所長になったとき、ジェーン・ライトはまだ三〇代半ばにも満たなかった。「ぶらぶら遊んでるみたい」(1)とライトの娘は言ったが、彼女はまったくそんな性格ではなかった。平日でも週末でも、自宅でも旅行中でも、研究室に行く途中でも、レストランでも、ミシガン州でボート遊びをしているときでも、ライトは朝早く起きてきれいに着飾っていた。ライトはハーレム病院で一気に昇進し、それからニューヨーク医科大学の副学長になった。一九六七年まで、全国的に認知された医療機関において要職に就いたアフリカ系アメリカ人女性は彼女を措いてほかにいなかった。がん治療における先駆的な研究によって、ライトは「化学療法の母」(2)として知られていた。

とはいえ彼女は、危うくほかの名前で知られるところだった。ジェーン・ライトがマサチューセッツ州ノーサンプトンのスミス・カレッジに入学したころ、彼女は「有名な芸術家」(3)になることを夢見ていた。しかし父のアドバイスで、画家志望から医学部進学に切り替えた。彼女は名高い医師の家系に生まれている。祖父であるシアー・ケッチャム・ライトとウィリアム・フレッチャー・ペンは、二人とも医師だった。ペンはイェール大学医学部を卒業した最初のアフリカ系アメリカ人である。ライトの父、ルイス・トンプキンス・ライトは高名な外科医であり、がん研究者だった。おそらく父は、娘が就職先を見つけやすい学科を専攻するよう提案したつもりだったのだろう。ジェーン・ライトは、挑戦状をたたきつけられたと感じていたけれど。

ライトは学業で好成績を修めるだけでなく、自分が好きなことすべてにおいてがんばり通そうというきわめて固い決意のもと、医学部に入学した。彼女は医学生としての義務と、水泳部の練習およびイヤーブックの編集作業との両立をバランスよくこなした。ライトは一九四二年にスミス・カレッジを卒業し、修士号を取得するべくニューヨーク医科大学に進学した。彼女はエネルギーが底なしに湧く井戸だった。ベルビュー病院の上司は彼女のことを、これまで一緒に働いた中で最も有望なインターンと呼んだ。ライトは才能ある芸術家になる可能性もあったが、自身が優秀な医師であることを早々に証明してみせた。

研修中、医学界における父の輝かしい名声は、絶えずライトの学業の手本として立ちはだかった。それはいってみれば、永久に近づけない五〇フィート先の看板のようなものだった。ルイス・トンプキンス・ライトの業績は、意欲をかきたてると同時に、厄介なしろものでもあった。父とライトの立場がどのようなものであったか、ライトが医科大学卒業後にメディアから受けたインタビューを見てみよう。「非常に優秀な父を持つということは、実にやりにくいものですね」と彼女は打ち明けた。「もっとうまくやらなくちゃと感じます。みんな私のパパのことを知っているのですから」(4)

一九四九年、娘の有望さを知ったルイス・トンプキンス・ライトは、自身が設立したばかりのハーレム病院がん研究基金で一緒に働こうと娘を誘った。父娘はともに、ライトがのちにがん研究の「シンデレラ」(5)と呼んだ化学療法に飛び込むことになる。

ライトが父と一緒に働き始めた時、医師や科学者たちはがん細胞の転移に作用する治療法を見つけようと一歩踏み出したばかりの状態だった。一九四五年、コロンビア大学がん研究所所長は、その課題においてなすべきことについて次のように述べた。「かなり…まったく無理とは言わないまでも、かなりの難題です。左耳を溶かして右耳を無傷のまま残せる化学物質を発見するようなものですから。それくらい、がん細胞と正常な祖先細胞との違いはわずかなんです」(6)

科学者たちは、マスタードガスの誘導体であるナイトロジェンマスタードと呼ばれる化学物質で一定の成果を挙げていた。化学兵器とがん治療とは、一見結びつきづらい組み合わせだ。しかしマスタードガスを積んだ軍艦が沈没するという、がんとは無関係に起きた一九四三年の悲劇が、科学者たちにマスタードガスに含まれる何かががん患者に効くかもしれないというヒントを与えた。船が沈み、マスタードガスが漏れ、被曝した多くの兵士が死亡した。死亡兵士を剖検すると、マスタードガスが感染症から身体を防御する白血球を壊滅させていたことがわかった。白血球は、白血病患者においてはがんを成長させる細胞でもある。一九四六年、ナイトロジェンマスタードを注射された最初のがん患者に改善効果がみられた。

一九五二年に父が死ぬまでの三年間、ライトと父は白血病を寛解する可能性のある薬剤を試験した。左耳と右耳を区別しようとしたのである。父が亡くなると、ライトは自ら進んで父が設立した研究グループの責任者になった。三三歳だった。

ライトは仕事を通じて、着実にがん治療の有効性を進歩させた。彼女の最も重要な洞察のひとつは、一つの魔法の解決策が全ての人のがんを一挙に治したりはしないということである。たとえば、研究者が乳がんの撃退によく効く混合薬を発見したとする。その療法を肺がんや結腸がんといった別種のがんに適用しても、大失敗に終わるおそれがあった。二症例のがんが同種であったとしても、確実に同じように治療が進められるわけではない。がん細胞が急速に広がり、治療を中断すれば、患者は助かる見込みのない療法のために貴重な時間を失ったことになる。

一九五三年から二二年間にわたり、ライトは患者一人ひとりにあわせた治療法を研究した。がんを発症した人がいれば、ライトは患者の腫瘍からサンプルを採取し、研究室でそのがん細胞を増殖させる。ライトは薬剤のがん抑制能を試験するにあたり、患者ではなくそのサンプルを用いた。サンプルに対してがん抑制効果がみられた混合薬剤は、患者への治療を進める価値があるということになる。このやり方によって、効果のない薬剤で患者の時間を無駄にすることなく、人間の代用としてマウスを使用するより迅速かつ患者個人に合った治療をすることができた。

ライトは薬剤の送達においても新天地を切り開いた。腎臓のような薬剤が届きづらい場所にがんが発生すると、多くの場合、外科手術が腫瘍摘出の規定手段となっていた。ライトはカテーテルを介して標的領域に薬剤を送達するシステムを開発した。

ライトは強い決断力を持ちながらもいつも控えめだったため、逝去時に友人や同僚らが公に話すまで、娘たちは母の業績をほとんど知らなかった。娘の一人であるアリスンは、あるコメントが特に自分の母にぴったりだと感じた。多くの医師ががんを治すことを望んでいる。「彼女は、自分の人生でやりたいことを実際にやってのけた数少ない人間のひとりでした」(7)

引用文献

(1) Alison Jones, personal interview, September 14, 2014.
(2) Ronald Piana, "Jane Cooke Wright, MD, ASCO Cofounder, Dies at 93." *ASCO Post*, March 15, 2013.
(3) "Homecoming for Jane Wright." *Ebony*, May 1968.
(4) Lisa Yount, *Black Scientists*. New York: Facts on File, 1991.
(5) Jane C. Wright, "Cancer Chemotherapy: Past, Present, and Future—Part I." *JAMA*, August 1984.
(6) Ibid.
(7) Alison Jones, personal interview, September 14, 2014.

生物学と環境
BIOLOGY AND THE ENVIRONMENT

マリア・ジビーラ・メーリアン

Maria Sibylla Merian

1647-1717

昆虫学者・ドイツ人

マリア・ジビーラ・メーリアンは、科学者がその謎を解き明かすはるか昔から、昆虫たちを愛していた。当時、この汚らしく不快な生き物たちに興味を持つ者はほとんどいなかった。知人たちはメーリアンの尋常ならざる情熱は彼女の母に由来するものと考え、母を褒めたたえたり責め立てたりした。メーリアンがまだおなかの中にいたころ、母が昆虫コレクションを眺めていたからだ。ピンでとめられた光沢のある胴体、きらきらした粉をまとう羽、そして関節の多い脚が放つ魅力は、おなかの中で育ちつつあった子供にときめきを注入した。

子供時代、メーリアンは絵を描く方法を学ぶことで、大好きな生き物（とお気に入りの隠れ家）についての記録を残した。義理の父親は画家兼美術品ディーラーで、メーリアンは彼から顔料を混ぜて水彩絵の具を作る方法を教わった。乳鉢と乳棒で細かくすりつぶした顔料の微粒子を水と混ぜ、色を紙に定着させるアカシア樹液を溶液に加えて密閉する。解剖学的形態を理解するため、メーリアンは先達の作品を模写し、キリギリスの脚の力強いジグザグと、外側に向かってらせんを描いているようなカタツムリの殻の襞について学んだ。

一三歳になると、メーリアンは自宅に虫を持ち帰ってくるようになった。彼女はカイコの小さなコロニーを作り、桑の葉やレタスの切れ端を少しずつ与えて育てた。メーリアンは、カイコがエサを食べつくし、糸を紡いで「デーツの種」（昆虫の繭のことをドイツではこう表現していた）を作り、脱皮する様子をメモに取り、スケッチした。何が現れるのか、目もくらむような期待とともに待ち続けた。湿った蛾？　無数のハエ？　それとも何も出てこない？　メーリアンは全ての段階を描きとめた。

メーリアンが昆虫を研究している間、博物学者たちはほとんど昆虫に関心を払うことはなかった。虫の繁殖能力すら大半が謎に包まれていた。腐った肉や動物のフンにハエがわいた場合も、それらは自然発生するものだと多くの人々が信じていた。

単純な素材を使ってミツバチやサソリのような生き物を培養する方法を説明したレシピすらあった。ウジ虫がほしい？　それなら死んだハエにはちみつ水をふりかけて銅板の上で混ぜましょう。銅板をくすぶっている灰で温めると……新しいウジ虫のできあがり！

高名な博物学者は、蝶は実際には毛虫の体内に住んでいると主張し、沸騰水と酢とワインを用いた手の込んだ方法でそれを証明できると言い張った。既存の挿絵画家がカイコの変態の各段階を描く場合は、幼虫の隣には他の幼虫、成虫と成虫といった具合にそれぞれの形態別にまとめた。カイコに生活環があることは知られていなかった。

毛虫と蝶を結び付ける博物学者がほとんどいなかった時代に、メーリアンは虫の生活環の各段階を連続した過程とみなしていた。メーリアンは体節を丸めながら葉の上を這い、花々が伸ばす蔓の上を飛び回り、茎の周りに群がる虫を記録することで、虫を時間の流れの中に位置づけた。当時、ほとんどの挿絵画家は標本から描き起こしていた。

一六七九年、メーリアンは昆虫に関する初めての大著を刊行した。それは昆虫の変態に焦点を当てて昆虫学を図解した上下二巻構成の書籍で、それぞれの昆虫画には好みのエサや活動記録のメモが付記され、博物学観察の伝統にしっかり位置付けられるものだった。

キャリアを積むにつれ、私生活も変化した。夫と離婚し、母と二人の娘を連れてドイツからオランダへ移住し、とある教団に入信するなど、立て続けに行動を起こした。この教団は個人財産を好まなかったので、メーリアンの仕事はしばらく滞った。

一六九一年までに、教団は没落していった。ヨーロッパの信徒の健康を保ちつつ、スリナムへの遠征を支援することが難しくなっていた。スリナムは南米にあるオランダの植民地で、教団が農場を設立することを望んでいた土地だった。そうこうするうちにある恥ずべき事件が起きる。海賊が教団の移民隊を襲い、身ぐるみはがして丸裸のまま放置したのだ。

このオランダの教団が解散すると、メーリアンは娘たちとともにアムステルダムに移住した。海外の新しい宗教コミュニティへの希望が薄れるにつれて、メーリアンはスリナムへの個人的な興味が膨れ上がっていくのを感じた。彼女は長年にわたり、橋、裏庭、地方の野辺、きちんと手入れされた庭園で虫を集めてきた。友人たちは風変わりな昆虫を見つけると箱に詰め、メーリアンが観察できるように船で送った。ずっと似たような標本を研究し続けて、メーリアンはもっと多くの発見ができる場所に行きたいと切望するようになった。

一六九九年、五二歳のメーリアンは下の娘とともに、画材を積み込んでスリナム行きの船に飛び乗った。渡航費用は、数年分の絵画制作代と二五五枚の絵画の売り上げで賄われた。目標は、五年を費やして海外の昆虫を探し、絵を描くことだった。

スリナムでのメーリアンは、目新しい昆虫の世界に囲まれて、息つく暇もなく忙しかった。時には危険なこともあった。赤と白の幼虫の魅力的なうぶ毛に手を伸ばそうとしたが、それは毛に見せかけた有毒な棘だったのである。しかしメーリアンにしてみれば、危険ゆえに発見はいっそう興味深いものとなった。彼女はその幼虫をくるんで、家に持ち帰った。メーリアンの探検は徐々にその範囲を広げ、さらに遠く離れたところへ向かった。いよいよ熱帯雨林の中に入っていくことも辞さないほどなじむと、メーリアンは奴隷に道を切り拓かせ、標本収集の探検に出かけた。

虫はメーリアンをスリナムへと導いたが、彼女を帰国させたのも虫だった。マラリアと高熱により、ヨーロッパへの帰国を三年繰り上げることを余儀なくされた。しかしメーリアンは病身に鞭打って、異国で過ごした二年間を人生の代表作に仕上げることができた。『スリナム昆虫変態図譜』が刊行されたのは一七〇五年、彼女が五八歳のときだ。同書には、生き物の生活環をまるまる図解した六〇枚の銅版画が掲載され、まさに彼女が子供時代にそうしていたように、その習性や生活環境についてのメモが付けられていた。生き生きと身をよじらせる生き物たちは、今にもページから這い出してきそうに見える。

同書のおかげで、メーリアンは最後の「変態」を遂げた。最初期の昆虫学者の一人であるメーリアンは、変態を段階ごとに観察した記録で、新境地を開いた。昆虫の生活環を厳密な研究にふさわしいものとして扱うことで、新世代の科学者たちの先駆けとなったのである。『スリナム昆虫変態図譜』刊行の三〇年後、フランスの生物学者が初めて虫の分類体系を確立した。メーリアンは昆虫学の歴史において、きわめて重要な節目の礎を作ったのだ。

ジャンヌ・ヴィルプルー＝パワー

Jeanne Villepreux-Power

1794-1871

生物学者・フランス人

ジャンヌ・ヴィルプルー＝パワーは、一〇年間を海洋生物の観察に費やしたあと、仕事そのものが海に飲み込まれた。沈没した船にヴィルプルー＝パワーは乗船していなかったが、彼女の何年間にも及ぶ科学研究の成果は海の深みへと沈んでいった。損失は甚大だったが、いつでも水面に浮上できる者、それがヴィルプルー＝パワーだった。彼女はすでに二回、一から再出発した経験があった。

フランスの小さな町ジュイヤックで靴屋の娘として育ったヴィルプルーは、広い世界がふさわしい人間だった。一八歳で彼女は故郷を離れ、自身の能力と興味に見合った偉大なる地、パリに向かった。徒歩で行ったという説もあれば、乗り物を使ったという説もある。いずれにせよ、この旅の動力源は決意だった。

パリで、ヴィルプルーは仕立屋の助手という職を得た。その仕事で彼女は観察し、働き、実験した。数年で彼女は際立った才能を発揮することができた。一八一六年、両シチリア王国の王女であるカロリーヌ王妃がルイ一八世の甥であるシャルル・フェルディナン・ド・ブルボンと結婚した際は、王妃はヴィルプルーがデザインしたドレスを着用していた。その衣装はヨーロッパの上流階級を魅了し、ヴィルプルーはまだ二〇代だったにも関わらず、服だけではなく手技も求められる存在となった。

二年後、ヴィルプルーはシチリア島のメッシーナに拠点を置く英国の商人ジェームズ・パワーと結婚した。シチリア島での生活を始めたヴィルプルー＝パワーは、ここは新しい人生を始めるチャンスを与えてくれる場所だと気づいた。シチリア島は、彼女が見たこともないような多様な品種の動植物に恵まれていた。ヴィルプルー＝パワーは自分が選んだ環境をより知るために、独学で自然史を学びつつ、シチリア島の生態系の一覧表を作るプロジェクトに着手した。その目的は、自身が住む海沿いの家を取り囲む植物、動物、および海洋生物のカタログを作ることだった。

一八三二年、ヴィルプルー＝パワーはカイダコと呼ばれる小さなタコの一種の研究を始めた。カイダコが海の中を進むのに使われるその殻は、紀元前三〇〇年から長い間科学者たちの謎であった。アリストテレスは、カイダコは触手をオールにしてこの脆い船の舵をとり、ボートのように海を航海しているという仮説を立てた。何世紀もの間、殻の有用性と起源は不明のままであったが、一九世紀になると殻はヤドカリ同様に後天的にカイダコが手に入れた家であるという考えが主流となった。ヴィルプルー＝パワーは、本当にそうだろうかと思った。

この新米博物学者は、海水環境から一匹の生物を採取することで学べることはたかがしれていると知っていた。そのため彼女は一八三二年に、海の生物であっても生態系ごと水生生物を飼育できる観察用の水槽を発明した。彼女が設計したガラスケースは、史上初めてのアクアリウムとされる。このアクアリウムのおかげで、ヴィルプルー＝パワーは長時間カイダコを観察できるようになり、恥ずかしがり屋のカイダコが自分の家となる殻を漁ることはないことを発見した。カイダコは自分で殻を生成していたのである。

科学界にとって、実験のためにヴィルプルー＝パワーが設計した環境とそこで集められた結果は、偉大な新発見だった。英国の古生物学者、リチャード・オーウェン（「恐竜」の名付け親）は、一八五八年にヴィルプルー＝パワーのことを「アクアリウム愛好趣味の母」に選定した。ロンドン動物学会は、博識な発明者の名前にちなみ、この水槽を「パワーケージ」と名づけている。

最初の「パワーケージ」を設計してから一一年後、ヴィルプルー＝パワーは海に浸した容器で実験を続けていた。その間、木製の外骨格とアンカーを水中容器に付け加えたことで、より深い海中に設置することができるようになった。このケージで、ヴィルプルー＝パワーはヒトデが食事の前にするひそやかな儀式を観察し、軟体動物の胃の中身を評価した。

生涯を通じて、ヴィルプルー＝パワーはロンドン動物学会やイタリア・カターニアのジオニア自然科学アカデミーなど、ヨーロッパじゅうの科学アカデミーに数多く加入した。一八七一年に彼女が亡くなると、『ザ・ノース・アメリカン・レヴュー』誌は「今世紀最も有名な博物学者の一人」[2]と呼び、彼女が発明したアクアリウムが海洋動物学に果した貢献は「計り知れない」と伝えた。一九九七年、彼女の名声はさらに高まった。ヴィルプルー＝パワーに敬意を表して、金星の巨大クレーターに彼女の名前（ジャンヌ）が付けられたのである。

引用文献

（1） Jeannette Power, "Observations on the Habits of Various Marine Animals." In *Annals and Magazine of Natural History*. London: Taylor and Francis, 1857.

（2） Matilda Joslyn Gage, "Woman as an Inventor." In *The North American Review*, edited by Allen Thorndike Rice. New York: AMS Press, 1883.

メアリー・アニング

Mary Anning

1799-1847

化石学者・イギリス人

雷に打たれる前のメアリー・アニングは、発育の遅い子供だった。おそろしい落雷の現場から運び出され、体を洗ってもらったとき（メアリーの子守と二人の友人は命を落とし、騎馬の催しは台無しになった）、赤ちゃんだったメアリーに変化が訪れた。以前はおとなしかった赤ちゃんが新しい状態に切り替わり、その後もずっと「快活で知的」(1)と評されるようになった。

困難に満ちたメアリーの人生において、この感電は珍しく（奇妙ではあるが）幸運といえるできごとだった。アニング家は貧しく、一〇人の子供のうち、成人まで生き延びたのはメアリーと兄の二人きりだった。父は大工で、海辺で観光客向けのお土産品を売り歩き、乏しい収入の足しにしていた。こまごました土産品の中での一番人気は、化石だった。

アニングの父は、イギリスのライム・リージスにある石灰岩と頁岩の崖から化石標本を採掘した。アニング家の故郷にあるその崖の縁は、海岸線に沿って続いていた。嵐が吹き荒れると、大きな岩肌がはがれて水中に落ち、その地域の歴史の断面が露出する。アニングの父はこうした絶好のタイミングに大急ぎでかけつけて、採集にうってつけの貝殻や骨のお宝を見つけるのだった。

アニングは一〇歳で父からこの化石商売について教わった。父が一八一〇年に結核で死ぬと、アニングは兄とともに独力で絶壁まで旅をした。当初、獲物はほとんど貝殻か小さな化石ばかりだった。しかし一八一一年、アニングの兄ジョセフが岩から現れる顔に気づいた。数週間後、アニングは小さなハンマーで頭骨の湾曲部から堆積物を慎重に取り除いた。アニングが力を注げば注ぐほど、やらなければいけないことが増えた。頭骨に続いて脊椎が、さらに胸郭と脚も見つかった。全体として見れば、アニングは巨大なワニのような顎を持つ長さ約五メートルの動物の骨を掘り出したのだった。子供二人が、世界で初めてイクチオサウルスの化石を発見したのだ。

二人はこのイクチオサウルス（「魚－トカゲ」の意味）の化石を、近所の荘園の領主に二三ポンド（現在の通貨で数百ドル）で売った。イクチオサウルスは、アニングが初めてなした古生物学への多大な貢献だったが、魚－トカゲは始まりに過ぎなかった。

アニングと兄はライム・リージスで化石を発見した最初の人物というわけではなかった。地元の人々はあちこちで不思議な形の骨を拾っていた。それらを神の装飾品であると信じる人もいれば、ノアの方舟を押し上げた洪水の残骸が化石化したものかもしれないと考える人もいた。しかしアニングが見つけた骨は別のストーリーを物語った。ライム・リージスの不安定な岩塊から関節のつながった生き物の全身を掘り起こしたことで、彼女は誰も見たことのないような標本を明らかにしたのである。

兄が関心を失ったあとは、アニングの飼い犬が相棒として行動をともにした。アニングは嵐と地すべりのあとで崖を調査し、化石標本を求めて岩屑の中をくまなく探した。彼女が拾った石、貝殻、骨で、小さな路傍の店はいっぱいになった。

一八二三年、アニングはプレシオサウルス（当時シー・ドラゴンと呼ばれていた）を発見し、五年後にプテロダクティルス（フライング・ドラゴンと呼ばれた）を掘り出した。化石標本を見つけ、分類し、スケッチし、人々に紹介するアニングの能力はたぐいまれなるものだった。アニングは発見した古代爬虫類についてしっかりと調べた。裕福なパトロンたちは、常日頃から彼女の幅広い知識に舌を巻いていた。

科学者はアニングの仕事から多大な恩恵を蒙っていた。しかしアニングは階級と性別の壁に阻まれ、自分の発見をもとにした学術的な議論ではいつものけものにされた。メアリー・アニングが発見した化石が雑誌に掲載されるときも、彼女の名前は削除された。パトロンたちはアニングの採集活動の資金としてわずかな年金を準備したものの、実質的な利益――科学界における高い評価――は他の人に渡った。

アニングの業績はライム・リージスでも尊重されることはなかった。近所の人々はアニングのことを観光名物程度にしかみなしていなかった。アニングはロンドンの若い通信記者に向けて、こんな手紙を書いている。「あなたの友情を疑ったことをお許しください。世界は今まで私に対してとてもつらくあたってきたんです。残念ですが、それで皆さんのことを信じられなくなってしまったんだと思います」(2)。彼女は貧しく、人生の大半を一人で過ごした。愛犬のトレイは、崖崩れで命を落とした。

アニングの貢献の記録は、常に覆い隠される危機に晒されている。アニングが四七歳で乳がんで亡くなってから一二年後の一八五九年、チャールズ・ダーウィンが『種の起源』を刊行した。同書はおそらく、アニングによる先史時代の発見物の影響を受けている。これまで、アニングの業績に正当な評価の光が当てられたことは何度かあった。一八六五年、チャールズ・ディケンズは、自身が編集した雑誌『オール・ザ・イヤー・ラウンド』で、アニングの人生にまつわる記事を執筆した。その記事は、こんな文章で結ばれている。「大工の娘は自力で名を成し、その名声にふさわしく生きた」(3)

引用文献

(1) Charles Dickens, "Mary Anning, The Fossil Finder." *All The Year Round: A Weekly Journal*, July 22, 1865.
(2) Ibid.
(3) Ibid.

エレン・スワロー・リチャーズ
Ellen Swallow Richards
1842-1911
化学者・アメリカ人

一八八七年まで、米マサチューセッツ州に水質基準は存在しなかった。近代的な都市型水処理施設、なんてものも周辺にはなかった。一九世紀後半にマサチューセッツ州ケンブリッジで水を一口飲むことは、汚染された飲料水というルーレット盤を回すようなものだった。口に入るのは産業廃棄物、または都市下水のいずれかだ。マサチューセッツ工科大学（以下、MIT）が新しく創設した衛生化学研究所の指導者だったエレン・スワロー・リチャーズは、マサチューセッツ州の飲料水を安全な状態にするために、約二万もの水試料を収集し、分析する作業を指揮した。リチャーズの実験デザインは、同様の調査の基準となり、マサチューセッツ州の水質および世界各地の飲用水の状況について彼女が仮説を立てる際の基礎となった。米国で初めて化学を職業とした女性としては、悪くない働きぶりだ。

リチャーズは、科学が人々の日常生活を改善するためにできることは膨大にあると考えていた。水質汚染のような問題に取り組むにあたり、地方自治体の資源の安全を確保するにはどうすればいいか、科学者も政府も完全に窮地に陥っていた。しかしリチャーズは衛生基準や基礎科学を家庭に広めることで、公衆衛生は劇的な改善を見込めるだろうと信じていた（衛生工学の分野が成長したのは、一八〇〇年代後半のリチャーズの尽力によるところが大きい）。リチャーズはエコロジー分野における最初期の発言者であることに加え、もうひとつの主要研究分野である家政学を創設したことでも知られている。

彼女の経歴を駆け足で説明しよう。リチャーズが一八七〇年にMITに入学したとき、彼女は同大学初の女性だった。MITは一種の保険として、彼女の授業料を免除した。大学関係者でリチャーズの入学に苦情を申し立てる者が出たとしても、MITは彼女は正式の学生ではなく、「彼女の入学によって女性の一般入学の前例を作ることはない」[1]と突っぱねることができたからだ。当時、リチャーズは大学内の自身の立場の背景にあるからくりに気づいていなかった。彼女はのちにこう告白している。「もし自分の立場がわかっていたら、入学することはなかったでしょう」[2]

リチャーズはヴァッサー大学で学士号と修士号を、MITでは化学で二つめの学士号を取得した。しかし博士課程に進んだとき、MITは彼女の博士号取得を阻止した。大学はただ、女性に博士号という栄誉を与える心構えができていなかったのである。

リチャーズは自分だけが特例扱いされること、すなわち女性にしては珍しく男性と共に研究できる特権階級の一人として世渡りすることをよしとしなかった。リチャーズは高い教育を受けることになった場合(すなわち彼女が受けた教育の大半)、必ずその機会を同等の教育を望む他の女性たちにも広げようとした。しかし、MITはまだ正式に女性に門戸を開いていなかった。リチャーズはボストン女性教育協会から提供された資金と構想をもとに、MITキャンパスで女性も同等に学べる科学カリキュラムの創設を先導した。一八七六年に開設されたMITの女性研究所は、新進科学者が研究を行い、講義を受講する場所となった。研究所には二つの部屋があり、側面に配置された大きな窓は工業化学、鉱物学、生理学を学ぶ女性たちの姿を見せつけた。このカリキュラムに関する報告書で、彼女はこう書いている。「私は知識の宝庫を開放することにこの上ない満足を感じていました」(3)

リチャーズの影響力は、女性研究所の領分を超えて急速に広がる。リチャーズは家庭学習奨励協会が始めた取り組みの一環である通信講座に参加した女性たちに、自筆で返事を書いた。リチャーズは遠方の生徒に科学を教えたいという考えを持っていたが、すぐさま無数の問題に対してアドバイスを要求されるようになる。自宅はひどいありさまとなった。女性たちは手紙を通じて、自分たちが働きすぎであることを訴えた。体調不良は共通のテーマだった。

こうした問題への関心に駆り立てられたリチャーズは、行動に移す。彼女は科学に基づいたアドバイスを、家庭生活改善の処方箋に取り入れたいと考えた。そのため通信講座の生徒たちに向けて、バランスの取れた食事、健康的な食品調理、定期的な運動、衣類の快適な着用法（コルセットはいまだに流行中だった）について教えるようになった。

皮肉なことに、女性研究所はその成功の証として一八八三年に閉鎖した。女性たちはようやくＭＩＴの正規の科学クラスを受講できるようになったのである。その後すぐにリチャーズは水の衛生に関する画期的な調査を開始し、マサチューセッツ州保健局の化学者および水質分析者としての地位を確立した。同時に、女性に科学を教える計画を策定した。

一八九〇年、栄養たっぷりで安くて安全な食品調理に関する情報不足に取り組むリチャーズの努力は、一般の人々に食事と実践的な教育を提供するキッチンのオープンに結び付いた。四年後、このキッチンは学校児童に栄養価の高い食事を提供するようになった（このプログラムは、ミシェル・オバマによるヘルシー学校給食構想の一一六年前に始まった）。

リチャーズはまた、公立学校で家政学を教えることを提唱した。彼女の取り組みの広がりはゆっくりとしたものだったが、着実にムーブメントになった。リチャーズは書籍を出版し、スピーチを行い、一九〇八年にアメリカ家政学会が設立されたときは会長に就任した。家政学は女性を大学レベルの科学に導く大きな道筋になった。

リチャーズは、衛生から環境保全、教育、家庭、健康、幸福などあらゆる面において、科学がいかに影響をおよぼしうるかということを見通す途方もないビジョンを持っていた。必要なものは、ほんの少しの知識と、そう、二万本の水試料だった。

引用文献

（1）Records of the Meetings of the MIT Corporation, December 14, 1870, *Archival Collection AC.*

（2）Caroline Louisa Hunt, *The Life of Ellen H. Richards.* Boston: Whitcomb & Barrows, 1912.（邦訳：C・L・ハント著、小木紀之／宮原佑弘監訳『家政学の母　エレン・H・リチャーズの生涯』家政教育社、一九八〇年）

（3）First Annual Report to the Women's Educational Association circa 1877, folder 9, Collection on the Massachusetts Institute of Technology Women's Laboratory, 1867–1922 (AC 0298), Institute Archives and Special Collections, MIT Libraries, Cambridge, Massachusetts.

アリス・ハミルトン

Alice Hamilton

1869-1970

細菌学者・アメリカ人

アリス・ハミルトンは仕事を通じて数多くの成功を収めてきたが、その成功は科学と社会問題が交わるところで達成したものだった。ハミルトンはミシガン大学で医学の学位を取得し、さらにライプツィヒ大学とミュンヘン大学で細菌学と病理学を学んだにも関わらず、自分は「四等の細菌学者」(1)にすぎないと考えていた。しかし彼女は自信の欠如を、腸チフスの流行、鉛中毒、蔓延する職業病の恐怖といった「人間的で現実的な」問題に取り組むことで埋め合わせた。

ハミルトンの最初期の仕事の一つは、コカインを子供に売る人々を取り押さえる隣人の手助けをすることだった。二〇世紀初めのシカゴは、まさに貧しい孤児たちが新聞配達で働くミュージカル映画『ニュージーズ』のような時代だった。シカゴが抱えていた問題は、学校から帰宅途中の子供たちにドラッグストアの従業員が「ハッピー・ダスト(幸福の粉末)」(2)のサンプルを提供してしまうことだった。ある少年は、その粉が「航空機で空に上っているような気分」(3)を感じさせたと報告し、ある少年は「億万長者で楽しいことはなんでもできるような気持ち」になったと主張した。もっと粉を欲しければ、子供たちはお金を払う必要がある。粉を求めてドラッグストアの窓を壊し、強盗を働き、現金を求めて店員を脅迫するといった手段に訴える少年も現れた。社会改革主義者たちが、売人を路上や子供たちから引き離そうと飛び込んだ。ハミルトンは、その援軍として呼び出されたのである。

裁判でコカインについて証言するため、ハミルトンは押収された粉が実際に「幸福の粉末」であるかを検査する方法を習得した。実験結果は、しかし不正確だった。この検査は、粉末がコカイン、もしくはコカイン誘導体である合成α‐ユーカインおよびβ‐ユーカインであれば陽性反応を示すものである。コカイン誘導体なら合法であることは、被告側の弁護士には好都合だった。彼らは喜びいさんでその検査の抜け道を利用し、罪状をごまかした。しかしハミルトンには、告発を確実なものとするもう一つのアイデアがあった。コカインを眼球に塗布すると、瞳孔が広がる。α‐ユーカインおよびβ‐ユーカインで同じことをやっても、目の外観は変わらない。最初、彼女はウサギを使ってこの見分け方を披露したが、この手法は陪審員の心証をよくしなかった。彼らはすぐにウサギに同情の目を向けたからである。「だから私は自分の体で粉を検査しました」(4)と彼女は打ち明けた。「私はコカインが目を傷つけることはないと知っていましたし、危険を冒すのを他の人がいやがるのは無理からぬことです。私は瞳孔を小さくしたり大きくしたりしながら研究室を歩き回っていましたから、皆さんそれに慣れて見向きもしなくなりました」。一年後、ハミルトンたちは、ユーカインを含むように法の適用範囲を広げることに成功した。

ハミルトンは自らの手を汚すことを決して恐れなかった。一九〇二年にシカゴで発生した腸チフスの流行に対する彼女のアプローチを例に挙げよう。最も病気が猛威をふるった地域は、ハミルトンの住まいのすぐ近くだった。友人はハミルトンが病理学と細菌学の知識で大流行の原因を根絶すれば、シカゴ市が解決策を編み出せるだろうと考えた。

当初、ハミルトンは給水設備と市販の牛乳を調査したが、いずれも第一九区の被害が特に深刻である理由の説明にはならなかった。次に近所を調査して、答えを導いてくれるかもしれない視覚的な手がかりを求めた。「通りや今にも倒れそうな木造共同住宅のあたりをぶらぶら歩いていると、屋外便所をいくつも見ました（法律で禁止されているにも関わらずはびこっていたのです）。そのうちのいくつかは道路よりも低い裏庭にあり、大雨のたびに溢れ出ていました」(5)と彼女は説明した。「四家族以上が使っているみすぼらしい屋内共同水洗便所は、誰も掃除や修理の責任を負ってなかったので、不潔で配管も故障していましたし、ハエの大群があちこちで飛び交っていました」。答えは出た。ハエだ。

腸チフスの感染経路の一つは、汚染された下水に触れることだ。おそらく、ハエが感染した人間の排泄物を貪り、むき出しの食物や牛乳に飛び乗って腸チフスを広げたのだろう、とハミルトンは考えた。

ハミルトンは、キッチンと屋内外のトイレから害虫を集めることによって、自身の理論を検証した。思ったとおり、ハエが腸チフス菌の運び屋だった。ハミルトンの発見は、アメリカ・スペイン戦争時になされた過去の知見と適合しており、より裕福な地域、つまり配管がしっかりしていて食事の場が分離している地域が同じ問題を抱えていない理由の説明にもなった。シカゴ医学会に提出されたハミルトンの論文は多くの注目を集めた。それは保健局の全面的な再編成を促し、共同住宅検査の専門家を雇い入れることにつながった。

結果は有益だったものの、ハミルトンの整然とした説明は正確ではなかった。彼女が後に理解したとおり、衛生局は腸チフス大流行の本当の原因を積極的に覆い隠していたのである。本当の原因は、第一九区で下水道が流出し、飲料水を三日連続で汚染していたことだった。「何年もの間」(6)とハミルトンは告白する。「ハエの幽霊を退散させることにベストを尽くしたものの、ハエに悩まされ、悔しい思いもしました。そんなドラマティックなストーリーを私は何度も聴衆に説明してきたのです。みなさん深く感銘を受けていました。…まさかそれが、事実に基づいていなかったなんて」

しかしいかに汚泥に埋もれていたとしても、こうした真実を発見したおかげで、ハミルトンは非常に効率的に危険な環境を評価することができるようになった。ハミルトンはデータを提供したがらない相手から情報を集めることにきわめて長けており、労働者に話を聞くことで危険な産業を大いに改善することができた。なぜあなたは、死の危険のある仕事を続けているのですか？　ハミルトンは、家であれば労働者がくつろいで包み隠さず語れるであろうと考え、自宅を訪問して聞き取り調査を行った。調査の中で、ハミルトンは鉛中毒に苦しんでいる男性に、なぜ働き続けているかを聞いた。家賃の支払いもあるし家族がいるからやめることはできない、と彼は言った。工場はたいてい既婚男性を雇いたがる。ハミルトンはその選択が計算ずくなのではないかという疑いを持った。家族を養う義務があるため、既婚男性労働者はやめる可能性が低い。たとえ鉛が鉛疝痛、けいれん、体重減少を引き起こすとしても。

一九一〇年、ハミルトンはイリノイ州の職業病委員会の責任者に任命され、研究の焦点は常勤労働者の健康状態に移った。職業病を対象とした委員会が組織されたのは、米国初のことである。仕事の内容は、労働者を一酸化炭素、ヒ素、およびテルペンチンのような有害物質にさらしている工場の種類を把握し、イリノイ州における「有毒な職業」(7)を調査することだった。調査チームは有害物質別に分けられ、ハミルトンが彼らを主導した。プロジェクト開始当初、州政府はどのような産業が製造過程で鉛を使用しているのか、その悪影響がどの程度広がっているのかを把握していなかった。

ハミルトンは、鉛を使用していることが明白な産業から調査を始め、調査を進めるにつれて見えざる産業へと近づいていくことを期待した。彼女のチームは、工場を訪問し、医師や工場長らに聞き取り調査を行い、明確な鉛中毒患者の兆候を示す病院記録をくまなく調べた。この調査によって、鉛を必要とする工程の長いリストができた。貨車のバルブ封印、棺桶の装飾、ガラスの研磨、葉巻を「スズ箔」(8)で巻く作業(「スズ」は誤称であることがわかった)等々。ハミルトンは、建物が老朽化して換気が悪いため、労働者の周りで鉛の粉塵がもうもうと舞い上がっていることに気づいた。ある工場では、驚くべきことに従業員の四〇%が鉛中毒(9)のために病院行きとなった。

一九一九年の時点で、ハミルトンは米国随一の労働衛生の専門家だった。そのため公衆衛生を含むカリキュラムを拡大することを決めたハーバード大学は、産業医学の助教授としてハミルトンを招いた(ハミルトン曰く「手が空いている候補者はほぼ私一人だったのです」(10))。ハミルトンは、ハーバード大学医学部の初の女子学生受け入れに先駆けること二六年、同学部初の女性教職員となった（彼女の任命には、「ハーバード・クラブに足を踏み入れてはいけない」「フットボールのチケットの教員割り当てを要求しない」「卒業式への参加は不可」という三つの掟が付属した）。この人事は大きな話題を呼んだが、ハミルトンは当時の歓迎は温かなものだったと回想している。

ハミルトンはハーバード大学で非常勤教員として働き、残りの時間を実地調査に当てた。彼女は米国労働省の依頼で、一酸化炭素中毒を調査した。そのほか、アニリン染料、水銀、揮発性溶剤などの有害製品の毒性を調べた。彼女の評判は広がり、ゼネラル・エレクトリックは彼女を医療コンサルタントとして迎え、「社会的傾向に関する大統領調査委員会」は彼女をメンバーに任命した。ハミルトンは産業衛生への助言を求められ、国際連盟健康委員会とソビエト・ロシア公衆衛生局に招かれた。

回顧録『危険な職業の探求』で、ハミルトンは汚染され有害で誤謬に満ちた産業を健全な未来へと導く喜びを述べた。「現代では若い医師が刺激的でやりがいのある仕事を望むことはできません。私にとって発見したものすべてが新しく、そのほとんどは本当に有益でした」(11)。ハミルトンがその比類なき専門知識を注ぎ込んだ業界は、結果として劇的な変化を遂げた。ハミルトンがイリノイ州で一年間の鉛調査を終えた後、州は有毒ガス、粉塵、煙といった有害物質の曝露による労働者の被害を補償する法律を可決した。この法律により、組織的な変化が訪れた。雇用主は健康関連の賠償請求に備えて保険をかけ始めたため、保険会社はその対応として職場改革を求めた。一九三七年までに、米国の主要産業を支える州のほとんどが、有害物質による労働者の職業病に対して金銭的補償を求める法規制を採用した。
都市部の最貧困住宅のドアをノックし、目の当たりにした問題に病理学を適用したことで、ハミルトンは職業病の確かな証拠を記録することができた。彼女の先駆的な決断が、現実の社会を変化させる道を開いたのだ。

引用文献
(1) Alice Hamilton, *Exploring the Dangerous Trades*. Boston: Little, Brown, 1943.
(2) Ibid.
(3) Ibid.
(4) Ibid.
(5) Ibid.
(6) Ibid.
(7) Ibid.
(8) Ibid.
(9) Ibid.
(10) Ibid.
(11) Ibid.

アリス・エヴァンス

Alice Evans

1881-1975

細菌学・アメリカ人

アリス・エヴァンスは、批判者たちに応答することにやりがいを感じられなかった。同僚たちが彼女の実験デザインや実験結果——関連がないとみられていた二つの細菌株は実際には類縁関係にあった——について具体的な質問をしたなら、彼女は問題なく補足説明をするだろう。しかし彼女が思い起こす当時の反響は、エビデンスに関するものでは全くなかった。「私の論文への反応は、そのほとんどが誰もが言えるような懐疑論でした。これらの細菌が近縁なら他の細菌学者が気づいたはずだ、ってね。意見はたいていそんなものばかりでしたね」(1)

問題の細菌は、アボルタス菌とミクロコッカス・メリテンシスである。アボルタス菌は牛を侵す凶悪な細菌で、体重減少、不妊、泌乳量の低下を引き起こし、妊娠中の牛が感染すると自然流産の原因となる。一九〇〇年代初頭、感染症は農民にひどい損害をもたらし、牛にとっては不快きわまるものだった。同じく厄介なのがミクロコッカス・メリテンシスで、この細菌は動物に対する伝染力が強く、ヒトにも感染する。繰り返す発熱や悪寒、疼痛を引き起こすこの細菌は、世紀の変わり目に人体へ侵入するようになり、数十年間にわたりとどまる。エヴァンスの研究以前は、この二つの細菌は完全に別個のものと考えられていた。エヴァンス以降、これらの細菌株は近縁であるだけではなく、動物からヒトへと感染しうることが明らかになった。一九一七年、ほとんどの科学者は、エヴァンスの考えはただ過激なだけで、とうてい信じがたいと見ていた。

当時の批判者たちの質問を振り返ってみよう。なぜこれまでに誰も（つまりは男性が）この類似点を発見しなかったのか？　エヴァンスは、細菌の分類がまず間違っていたと説明した。ヒトの病気を引き起こす細菌の発見者は、それを球状だと表現したため、球菌に分類した。牛を侵す細菌を発見した科学者は、それを桿状だととらえ、桿菌に分類した。

牛の乳に存在するアボルタス菌を最初に見つけた疫学者は、それが牛乳を飲む人に害を与えるかもしれないという考えに真っ向から反対していた。彼はエヴァンスの主張に激怒し、彼女が所属していた委員会の委員長を務めることを断った。農場主たちは、エヴァンスが低温殺菌装置を押し売りしたい業者と共謀していると非難した。あの女は牛乳が栄養たっぷりだという一般常識を知らないのか？　新鮮な牛乳が良くないだって？　一九一八年、エヴァンスは米国感染症学会の学会誌『ジャーナル・オブ・インフェクシャス・ディジーズ』で実験結果を発表し、一般の人たちに受け入れられることを待った。

エヴァンスは大人になってから科学の世界に飛び込んだ。実験の楽しさの一端を体験し、自分が今までやってきたどんなことより刺激的だと感じられたからだ。彼女はペンシルベニア州の農村部の教員としてキャリアをスタートしたが、黒板と鉛筆削りにまみれる四年間を過ごし、すっかり退屈していた。

一九〇五年、エヴァンスは授業料がいらない農村教師向けの自然学習プログラムに参加した。エヴァンスは生物学を体験するや否や、教師の仕事に興味を失った。エヴァンスはもっと学びたいと切望し、二年間の認証プログラムを修了することに頓着するのをやめた。

代わりに、コーネル大学の学士号取得を目指して勉強し、奨学金を受けてウィスコンシン大学の農学カレッジに進み、修士号を取得した。ウィスコンシン大学の教授たちは、エヴァンスが化学スキルを高めることを奨励し、トップレベルの化学的手法の一端を見せた（彼女が卒業して三年後、元教授はビタミンAを発見した）。

博士号を取得するか、実地でスライドを汚して研究に取り組むかの決断を迫られたとき、エヴァンスは自分がどうしても現場に足を踏み入れたいと願っていることを実感した。一九一〇年、米国農務省はチーズを研究させるため、初めて細菌学者としてエヴァンスを入省させた。中でもチーズをおいしくする方法を発見することが彼女の仕事だった。三年後に農務省がワシントンDCで新しい乳製品部門の研究室を立ち上げると、彼女はそこで働くことになった。四年後、エヴァンスはガラス製のスライドの上で一見異なってみえる二つの細菌を観察し、それらを兄弟《シブリング》と呼んだ。

同年、エヴァンスはその発見を発表し、公衆衛生局の衛生研究所に移った。インフルエンザ、小児まひ、睡眠病、彼女はそれらすべてに取り組んだ。エヴァンスの発見から数年経って、論議を呼んだ研究への支援がどんどん集まり始めた。サンフランシスコの科学者がエヴァンスの研究結果を裏付け、世界中の研究者たちも同様の結論に達していたのである。

議論がようやく収まると、アボルタス菌とミクロコッカス・メリテンシスは、新しい属「ブルセラ属」に加えられた。今では近縁である二つの細菌株をまとめてこう呼んでいる。しかし二つの細菌を整理したことは、エヴァンスがそれらとの関わりを終えたことを意味しなかった。一九二二年、エヴァンスは自分の名前を研究史に残した病気に感染することになる。彼女は二〇年以上、仕事においても私生活においても、ブルセラ症の影響に悩まされた。

エヴァンスの研究は、人々の意識と規制の両方を変化させた。一九二〇年代に、搾乳に使われる家畜小屋にあるべき状態の管理基準が制定された（ヒント：非常に清潔）。一九三〇年代には、牛乳の低温殺菌が義務付けられた。この規制には、少なからずエヴァンスの研究が寄与している。エヴァンスの科学的貢献を称えて、名誉博士号、委員会での地位、学会の役職が授けられた。ようやく「誰もが言えるような懐疑論」は、「誰もが理解する高い評価」によって迎え撃ちされたのである。

引用文献

（1）Alice C. Evans, *Memoirs*. Unpublished. 1963. In Alice Catherine Evans, Papers #2552, Division of Rare and Manuscript Collections, Cornell University Library.

ティリー・エディンガー

Tilly Edinger

1897-1967

古神経学者・ドイツ人

ドイツのナチス政権下で多くのユダヤ系科学者がその地位を追われてからしばらくたっても、ティリー・エディンガーはいつも通り自分の化石コレクションの手入れをしていた。魚、哺乳類、爬虫類、両生類の別に整理をし、新しい化石を入手する。彼女は化石化した頭蓋骨を調べ、これらの骨が太古の脳について研究者に語りかけてくれることを考えた。エディンガーは持ち前の古生物学的ユーモアで、完新世のアンモナイトのように(1)フランクフルトのゼンケンベルグ自然博物館の仕事にしがみつきたいと好んで口にした。

幸いにして、博物館は何年もの間エディンガーを手放そうとしなかった。それはそうだ。無給で働く人間を解雇できるだろうか? さらにこの機関は私設であり、公的に運営されているわけではなかった。エディンガーは博物館のスタッフを自分の味方につけていた。彼女は同僚について次のように思い返す。「彼は私を家に留めておこうとするヒーローのように闘ってくれました」(2)。ドイツにとどまる危険がますます明白になっても、エディンガーはフランクフルト、そして街に刻まれた家族の三八〇年の歴史を残して去るのは気が進まなかった。時代が良くなることを求めて粘りながら、エディンガーは最悪の状況に備えた。エディンガーは致死量の鎮静剤を携帯し、もし強制収容所に連行されるようなことになったら服用しようと誓った。

ティリー・エディンガー
Tilly Edinger

約三万人のユダヤ人が逮捕され、約一〇〇人が殺された「クリスタル・ナハト（壊れたガラスの夜）」［訳注1］によって、エディンガーはドイツに留まる姿勢を変えた。広がる暴力といやます脅威のために、博物館はエディンガーを仕事から隔離せざるを得なくなった。彼女は博物館から締め出され、職場の私物は添え書きもなしに自宅に送り返された。エディンガーは当時としては、土壇場までドイツで仕事を続けたユダヤ人科学者の一人だった。この解雇は致命的で、ドイツ脱出を拒否することは我が身を危険にさらすことになった。それでもエディンガーは、「脊椎動物の化石が自分を救ってくれるだろう」(3)と感じていた。なんといっても、化石は二〇年近く彼女の人生そのものだったのだから。

エディンガーが大学で古生物学を学び始めたのは、動物学の講義に満たされないものを感じてからのことだった。著名な神経科医だった父と同じく、エディンガーも脳に魅せられた。彼女の専門は先史時代の種で、それは古生物の頭蓋骨の内部を調べることにより研究できるものだった。一九二一年の博士論文のために、エディンガーは絶滅した大型海棲爬虫類ノトサウルスの脳の研究を始めた。

ゼンケンベルグ自然博物館で頭蓋骨をじっくりと研究した最初の一〇年間で、エディンガーは古神経学という新しい分野を立ち上げた。この分野の設立文書は、エディンガーが脳の化石に関する種々異なる研究業績の断片を集め、標本による研究を整理し、過去に分離された多くの標本から得られる結論をまとめて生み出した二五〇ページに及ぶ総説である。彼女は既知の事実を徹底的に説明することを通じて、古神経学の詳細な歴史を明らかにし、依然として残る大きな問題を特定した。系統発生の節は、一般に正しいと受け止められていた他の学者による脳の成長原理を解体したも同然の内容だった。エディンガーの研究はヨーロッパ全土で広く認められ、賞賛された。第二次世界大戦のさなか、こうした評価は彼女がドイツを離れる武器として役立つと考えられた。

アメリカの大学の研究職は、ホロコーストの恐怖から数多くの科学者を救った。エディンガーが職探しを始めたのは遅かったが、科学コミュニティのほうから彼女の周りにやってきた。家族の友人だったアメリカ人細菌学者、アリス・ハミルトンは、エディンガーを雇うようにハーバード大学に懇願した。他の人たちは米国政府に書簡を送り、彼女の入国の申し立てをした。その中で、アメリカ人古生物学者ジョージ・ゲイロード・シンプソンは、「彼女は一流の研究者であり、研究者としての評判は世界中に知れ渡っている」(4)と書き、彼女は古神経学という「優れた価値と重要性を持つ学問」を立ち上げたと強調した。エディンガーは米国行きの順番が来るのを待っている間、ロンドンに逃亡した。そこで彼女は、ドイツ人亡命科学者緊急同盟プログラムの一員として、ドイツ語の文書を翻訳して一年間を過ごした。

エディンガーは一九四〇年に移住許可を得て、到着後ただちにハーバード大学自然史博物館の研究員として採用された。ハーバードでは科学者たちが展示準備室で歌い、廊下で口笛を吹き、エディンガーを優しく迎え入れた。ようやくエディンガーに、落ち着いて古神経学の仕事に戻れる時間が訪れた。

絶滅した動物の頭蓋骨の内部を手がかりとして見ると、古生物の脳における組織のサイズと構造について驚くほど多くのことがわかる。これらの構造を経時的にマッピングし、脳の機能に結びつけることにより、データは種の興味深い歴史を明らかにする。エディンガーはこうした方法を用いて、クジラは現代よりもはるかに嗅覚に頼っていたという仮説を立てた。どうしたらそんなことがわかるのか？　エディンガーは現代のクジラと古代のクジラの頭蓋骨内部のキャスト［訳注2］を比較した。古代のクジラは、嗅覚を処理する脳の部位である扁桃体のスペースがより大きかった。脳の嗅葉が萎縮するにつれて、頭蓋構造が時間の経過とともにどのように調整されたかを観察したのである。

これらのキャストを読み解く際のややこしい要素は、いわゆる脳函である。脳函とは、頭蓋の中で脳が入っていた特定部位である。ある生物の脳の中身を細かく明らかにしても、脳に隣接するものについてはわからない。魚類、爬虫類、両生類においては、脳膜層と血管組織は厚い。鳥類や哺乳類では、それらは薄い。絶滅した動物の頭蓋骨と脳の比の目星を付けるために、エディンガーは古代種の現在生きている近縁な動物を頼りにした。

ドイツ時代に父親が始めた調査をもとに、エディンガーは米国で取り組める研究領域を提案した。米国にはウマ科の記録が豊富にある。エディンガーは、米国なら長期間にわたるウマの脳の構造を記録したキャストのコレクションに簡単にアクセスできると考えた。ハーバード大学に到着すると、同僚はエディンガーにウマの研究に着手するように要求した。エディンガーは大変な思いで必要な資料を見つけ出した。ウマの研究論文の完成には一〇年もかかったが、彼女の結論は非常に重要なものだった。一九四八年、エディンガーは同じ種の脳と体の進化は同期しておらず、哺乳類は種によって異なる時期に進化的変化を経験したと報告した。
政治、仕事、個人的な場におけるあらゆる戦いを通じて、エディンガーは軽やかなユーモアセンスを持ち続けた。長きにわたる学問的論争の最中であっても、それは同様だった。エディンガーはプリンストン大学に拠点を置くグレン・ジェプセンと、ある頭蓋骨の化石がコウモリであるか、ミアキス(猫と犬の共通祖先)であるか、かなり長い間議論した(どちらであるかは決着がついていない)。エディンガーの善き資質に、ジェプセンは彼女の意見をパロディにした詩で報いた。

ティリーバット(ティリーの蝙蝠)(5)

ふしぎな動物、それがティリーバット
確かに奇妙、かなりバカげてる
脳の形はとっても蝙蝠っぽい
思うに、関節はとっても猫っぽい!
なぜそれをステキって言うかわかる?
「中脳は起伏が多い――
そしてさらに」とティリーは言う
「早くここ見てみて

見てよ小隆起！
チューと鳴いたはず、ニャーじゃなくて――
決して歩いてない、飛んだはず！
ジェプセン、落ち着いてる場合じゃないわ
これはミアキスじゃない！」

ジェプセンは議論を創造的に高めるため、確かにいくつかの点でエディンガーと合意を得た。しかしジェプセンは、もともとの意見を曲げることはなかった。

エディンガーは晩年、以前出版した二五〇ページの研究書を英語に翻訳し、最新の情報に改訂する作業に没頭した。ゼンケンベルグ自然博物館で研究し、初版を執筆したときは、スタッフの補助なしにすべてをこなしていた。エディンガーはこのプロジェクトに復帰すると、しばしば補聴器のスイッチをオフにして同僚の声を聞こえないようにし、再び静けさの中に心地よく身を浸した。

一九六四年、エディンガーはフランクフルト大学から名誉学位を授与された。故郷の町と国から追い出された彼女は、その意思表示に感激した。彼女が出国してから、二五年以上の月日が流れていた。学位は、目に見える変化の表れだった。

訳注1　一九三八年一一月九日から一〇日にかけてドイツ各地、および併合オーストリア、チェコスロバキアのズデーテン地方で起きた反ユダヤ主義暴動

訳注2　死んだ動物の骨の空洞に沈殿物が流れ込み、形状を保ちながら固まったことで形成された天然の型

引用文献

（1）Emily A. Buchholtz and Ernst-August Seyfarth, "The Gospel of the Fossil Brain: Tilly Edinger and the Science of Paleoneurology." *Brain Research Bulletin*, 1999.
（2）Ibid.
（3）Ibid.
（4）Ibid.
（5）Glenn Jepsen, letter to Tilly Edinger, June 11, 1957.

レイチェル・カーソン

Rachel Carson

1907-1964

海洋生物学者・アメリカ人

レイチェル・カーソンについて語るにあたり、『沈黙の春』の話は切り離せない。最初『ザ・ニューヨーカー』誌で連載され、一九六二年に書籍として出版された『沈黙の春』は、殺虫剤の過剰使用による壊滅的な影響を記録にとどめたものだ。同書は、環境への影響を考慮せず、害虫や雑草を取り除くという一つの目的のために化学物質を吹きかけることによって、人類はしばしば益よりも害をなしてしまうということを、厳密かつ科学的に評価したことで衝撃を与えた。それは一般向けに美しく書かれた恐ろしい論文だった。

『沈黙の春』は環境運動を活発化させ、一般市民に数百万ドルを売り上げる化学工業という標的を与えた。お返しに、化学工業界は二五万ドルをかけてカーソンへの組織的中傷を始めることで対抗した。カーソンはヒステリックと呼ばれ、オールドミスとレッテルを貼られ、無害な昆虫におびえていると非難された。カーソンや書籍が怒りに火をつけるたび、化学工業界は炎上を煽った。結果として、一九六〇年代初めのカーソンは、自然保護を望む人々と自然を制圧したい人々との間の国民的論争の中心にいた。幸いなことに、それはカーソンが全人生をかけて準備していた戦いだった。

カーソンは子供の頃からずっと自然が大好きだった。家族の田舎の農場やペンシルバニア州のアレゲニー川沿いで観察された鳥や植物は、記憶の続く限り想像力を刺激した。何年もかけて、彼女は化石の魚、ぴょんぴょん跳ぶ鳥、在来植物を発見した。自分の探検から着想を得たカーソンは八歳のとき、二羽のミソサザイがすみかを探す本を書き、「小さな茶色の家」とタイトルをつけた。よくできた物語の数々とそれを投稿し続ける根気強さにより、カーソンは今はなき子供雑誌『セント・ニコラス』に採用された若き投稿者たちで構成される名誉会員の仲間入りを果たすことができた（ウィリアム・フォークナー、F・スコット・フィッツジェラルド、E・E・カミングス、E・B・ホワイトといった有名な作家たちも、少年時代に投稿作品が同誌に掲載されている）。カーソンは、自分が一一歳でプロの作家になったと記すことを好んでいた。

カーソンは地域の奨学金を得てペンシルベニア女子大学に入学し、作家になるための準備として英文学科に進んだ。それは自然な選択だった。しかし在学中に、一番ワクワクするのは生物学であることに気づいた。魚が化石になる理由とは？　生物学はカーソンに、魚に何が起きたかを知る道具を与えてくれた。

ジョンズ・ホプキンズ大学院で動物学の修士号を取得した後、カーソンは米国漁業局でアルバイトを見つけた。カーソンは文章を書くことより科学を選んだが、かつて磨いた専門技術は新しい仕事においても有用だった。漁業局での初仕事は、ラジオ番組「海の中のロマンス」のために五二本のエピソードを執筆することだったのである。

「書くことはもう一生できないと考えていました。ただ書くだけの仕事が得られるなんて思いもしなかった」(1)

漁業局の上司はカーソンの仕事ぶりを気に入っていたが、その評価は給料に反映されなかった。カーソンは低賃金を補うため、フリーライターとして地元の新聞『ボルティモア・サン』に自然保護問題を扱った記事を大量に執筆した。

カーソンは漁業局で順調に出世し、最終的に水生生物学者になったが、その職務には実際の科学研究は含まれなかった。代わりに、カーソンは同僚の科学報告書を編集し、研究結果を公共のパンフレットにまとめるような作業を求められた。

カーソンが漁業局での仕事で学んだことは、夜のフリーライター仕事に役立った。一九三七年、カーソンは『アトランティック』誌に海の生き物の視点から海を考察する一篇の物語を掲載する。水生生物の描写はその死にも及び、読者を魅了した。「植物でも動物でも、海に生きるすべての生き物は命が尽きると、一時的にその体を形作るために集めた物質を海に還す。こうして、太陽の光がきらめく水面にいた生き物も、海の下の仄暗い場所にいた生き物も、分解され、穏やかで終わりのない粒子の雨となって、海の深みに降り注ぐ」(2)

この記事は、初の単行本『潮風の下で』の出版につながった。同書はカーソンのお気に入りになったが、商業的には失敗し、わずか二〇〇〇部しか売れなかった。カーソンはこのショックから立ち直るのに数年を要したが、執筆欲と経済的困窮に駆り立てられ、前に進むことにした。カーソンは二冊めの本を執筆する。一九五一年に出版された『われらをめぐる海』は、全米図書賞のノンフィクション部門を受賞し、文学界の重鎮としてのカーソンの地位を確固たるものとした。今日に至るまで、同書はこれまで自然について書かれた書籍の中でも最も成功したものの一つとして認められている。

カーソンは自然に対する大衆の関心が非常に高まっていることに気づいていた。「私たちは科学の時代を生きていますが、科学知識は少数の人間だけの特権で、研究室に隔離された司祭のようなものだと思われています。これは真実ではありません」(3)とカーソンはスピーチで述べた。「科学で扱う題材は生そのものの題材です。科学は暮らしの現実の一部で、私たちの体験のすべてについて、それが何であるか、どうやって、なぜそうなるのかという問いに答えるものです」

『沈黙の春』で殺虫剤に焦点を向けたカーソンは、時の人となった。同書の主な矛先はDDT(ジクロロジフェニルトリクロロエタン)である。DDTは研究室で作られた最初の近代的殺虫剤だった。第二次世界大戦でマラリアや発疹チフスを抑えると評価されたDDTは、デュポン社おなじみのキャッチフレーズ「より良い暮らしにより良い製品を……化学を通じて」という価値観のもと、万能薬とみられるようになっていた。『沈黙の春』でカーソンは、DDTがほぼ全世界に急速に受け入れられていることに警鐘を鳴らした。「DDTは瞬く間に、虫が媒介する病気を根絶し、夜を徹して農作物を食い荒らす虫との戦いに農夫が勝利をおさめる手段として歓迎された」(4)

カーソンは、DDTの毒と害虫抑制能力はあまりに新しく革命的であるために、その散布の甚大な影響をふまえた適切な予防措置が取られていないと主張した。DDTを使うことは、一つのドミノを軽くつついて倒すようなもので、その背後で次々と倒れていく他の生き物たちの長い列を無視しているのである。

レイチェル・カーソン
Rachel Carson

カーソンは科学を信じていた。彼女の全キャリアは科学への献身のもとに築かれている。しかし、利益を求める化学薬品会社が常にそうであるように、農薬をたった一つの視点のみで見ている企業は無責任であるとカーソンは主張した。カーソンは、科学的調査と野外観察に基づいて事実を述べた。コロラド川で死んだ二七種類の魚、神経が麻痺した温室労働者、うっかり農薬を口にして死んだ家畜といった事例とともに。

『沈黙の春』の情報で危険性に気づいた米国上院小委員会は、カーソンを招いて彼女の研究について話を聞いた。連邦および州の組織はＤＤＴなどの農薬の影響に関する調査を始め、草の根の取り組みが組織化され始めた。

『沈黙の春』の影響力はすさまじかった。一九七〇年に起きた主な三つの出来事は、カーソンに触発されたものである。国家環境政策法は「環境と生物圏の被害を防止または廃絶し、人間の健康と福祉を増進する努力」[5]を振興した。ウィスコンシン州のある上院議員は、後にそれを「歴史上最も重要な環境法の制定」[6]と呼んでいる。同年四月、米国は最初のアースデイを開催し、環境保護庁を設立した。環境保護庁の歴史年表では、『沈黙の春』は最初の参考資料であり、環境保護庁の公式の起源である。カーソンは自著出版の結果として、政府と個人双方の求めによって起きた変化を見て回ることはできなかっただろう。『沈黙の春』出版後わずか二年で、乳がんはカーソンの命をあまりにすばやく奪い去った。しかし彼女の本は変化をもたらすことに成功した。カーソンの高らかに響く声は、現代的な環境保護主義の基礎に埋め込まれている。

引用文献

（1）Rachel Carson. *Lost Woods: The Discovered Writing of Rachel Carson*, edited by Linda Lear. Boston: Beacon Press, 1998.（邦訳：レイチェル・カーソン著、リンダ・リア編、古草秀子訳『失われた森　レイチェル・カーソン遺稿集』集英社、二〇〇〇年）

（2）Ibid.

（3）Ibid.

（4）Rachel Carson, *Silent Spring*. New York: Houghton Mifflin, 1962.（邦訳：レイチェル・カーソン著、青樹簗一訳『沈黙の春』新潮社、一九七四年〔改版あり〕）

（5）"The National Environmental Policy Act of 1969," 42 U.S.C., January 1, 1970.

（6）Jack Lewis. "The Birth of EPA." *EPA Journal*, November 1985.

ルース・パトリック

Ruth Patrick

1907-2013

生物学者・アメリカ人

一九五九年の夏、ルース・パトリックは同僚とともにアイルランドの川を下っていた。突然二人は、自分たちのこぎ舟に英国海軍の艦艇が接近していることに気づいた。スピーカーを通して、艦艇は「すぐこちらに来なさい」(1)と二人に命令した。苛立ったパトリックはこう答えた。「私の仕事が済んだら行きますよ」。その仕事は重要なものだった。コルクがフォイル湖を下っていく様子を観察するのだ。コルクの動きは、川の流れを理解するうえで欠かせない。舟を止めればコルクを見失い、その日の仕事がおじゃんになってしまう。なおも海軍艦艇は要求した。「すぐに来なさい。さもなくば撃つ!」

海軍はどうやらコルクをシュノーケルと見間違えて、大いなる脅威の兆候だと誤解しているらしかった。数時間の問答ののちに、パトリックの上司は説明のために艦艇に乗り込んだ。そう、彼女はその地に新たにデュポン社の化学プラントを建設する準備のため、水の流れを計測していたのである。あるアメリカ人大使は、後に晩餐会で彼女にこんな冗談を言った。「それじゃ、あなたは女王の海軍を爆破しようとしていた例のご婦人なんですね! この話、ロンドンじゅうに広まってますよ!」(2)

その時点で、ルース・パトリックの影響は、ほぼ地球全体に及んでいた。パトリックは、水中で極小の生物である珪藻と呼ばれる単細胞藻類を調べることによって、河川の健康状態を測定する方法を示した初めての科学者だった。「珪藻は探偵のようなものですからね」(3)と彼女は説明した。珪藻の細胞壁は、環境汚染物質を取り込むシリカ(二酸化ケイ素)からなる。パトリックは地元のPBS系列局〔訳注1〕に、チェルノブイリ由来の放射性物質を珪藻から検出できたことを誇らかに語った。この単純な微生物は、水の歴史について多くのことを明らかにする能力があった。

そしてときに珪藻は実際に明らかにしたのだった。パトリックが一九三〇年代に行ったグレートソルト湖の調査では、その起源についての確かな手がかりがいくつも得られた。彼女は変化が起きた時点まで、淡水珪藻が積み重なって湖の堆積物となっていたことを発見した。砂も塩化物も見つからず、淡水から塩水に突然移行した原因として、パトリックは津波を除外した。

パトリックは、科学者が川全体の生物多様性を調べれば、水質の健全さについてだいたい知ることができると実感していた。汚染の問題は、比較的生物が少ない場所にみられた。生物多様性に富む群落こそが良い生態系であるという評価が現代において当然視されているのは、パトリックがそうした考えを切り開いたからだ。一九五四年には、ダイアトメーター(珪藻計測器)と呼ばれる、より良い水試料を採取する装置を発明した。

珪藻の採取はパトリックの冒険心を満たした。七六歳のパトリックは、アフリカを除くすべての大陸に広がる約九〇〇の川を歩いて渡ったことがあると請け合った。その年、彼女は約三九度の気温に直面しながら、ジョージア州のフリント川周辺で泥まみれになった。パトリックは九〇代になっても防水長靴を身に着け、河川試料を集めた。もはや外出がかなわなくなると、彼女は仕事の場を研究室に移し、我が「かわいい」珪藻を分析するために毎日通った。海外の好戦的な海軍作戦本部とのもめ事は、一〇五年の人生においてはほんのちっぽけな出来事にすぎない。

子供時代、ミズーリ州カンザスシティで育ったパトリックは、熱を込めて当時のことを思い起こす。「虫、キノコ、植物、岩…あらゆるものを採集していました。父が書斎の大きな机の上を片付け、顕微鏡を広げたときの気持ちを覚えています。…それは奇跡でした。窓の向こうに、見たこともない世界が広がっていたんですから」(4)

彼女は植物学の研究でコーカー・カレッジの学士号を取得し、バージニア大学で博士課程へ進みながら、こうした興味を温め続けた。フィラデルフィア自然科学アカデミーはアメリカで最も優れた珪藻のコレクションを有していたため、パトリックは大学院で同アカデミーと共同研究を始めた。彼女の前には長いキャリアが待ち受けていた。パトリックは仕事を始めたばかりの頃を振り返って、自分は「小さなただ働き人」(5)だったと記憶している。一九三四年に博士号を取得した後、パトリックは顕微鏡部門のボランティア・キュレーターとしてアカデミーに残り続けた。既存の珪藻コレクションを担当し、それを世界で最も包括的なコレクションの一つに育てた。しかし、アカデミーが適正な感覚を身に着け、パトリックの仕事に賃金が支払われるようになったのは、一九四五年になってからのことである。

パトリックが環境汚染の研究に人生を捧げたのは、それを抑制するためだった。デュポン社のような大企業のクライアントと一緒に仕事をすることで、彼らに声を荒げるのではなく、環境への負の影響を軽減することを選択したのである。「産業無しに社会は成り立ちません」(6)。一九八四年、彼女は記者にこう語った。「ですがその一方で、産業界は自分たちが責任を担う集団であることを認識しなくてはいけません」

パトリックは河川や湖だけでなく、飲料水に関する人々の考え方にも影響を与えた。彼女は肥料の流出や浄化槽の漏出によって、飲料水が地域的に汚染されていることを示した。

パトリックの意見は、歴代大統領が求めるところとなった。リンドン・B・ジョンソンは水質汚染に関する情報提供を依頼し、ロナルド・レーガンは酸性雨について相談した。パトリックは産業界、大学、そして自然科学アカデミーにおける研究を称えられ、一九九六年にビル・クリントンからアメリカ国家科学賞を授与された。

パトリックの一〇〇歳の誕生日前夜、ある記者が、彼女が遺したものについて語った有名環境科学者の論評を持ち出した。「私はそれについて考えないようにしているんです」(7)とパトリックは言った。彼女にはまだ、向こう数年かけてなしとげようとしていた重要な仕事があったのである。

訳注1　Public Broadcasting Service　アメリカの非営利・公共放送ネットワーク

引用文献

（1）"Almost Had a War on Her Hands." *Sydney Morning Herald*, August 11, 1960.
（2）Ibid.
（3）Sandy Bauers, "Ruth Patrick: 'Den Mother of Ecology.'" *Philadelphia Inquirer*, March 5, 2007.
（4）Ibid.
（5）Ibid.
（6）Michael Roddy, "Pollution Fears Come to Lakes, Springs," Associated Press, January 8, 1984.
（7）Sandy Bauers, "Ruth Patrick: 'Den Mother of Ecology.'" *Philadelphia Inquirer*, March 5, 2007.

遺伝学と発生学
GENETICS AND DEVELOPMENT

ネッティー・スティーヴンズ

Nettie Stevens

1861-1912

遺伝学者・アメリカ人

アリストテレスは、世継ぎの男子を求める成人男性にこんなアドバイスを贈った。夏にセックスしなさい。暑ければ暑いほどよい。かの古代ギリシャの哲学者は、受精時に十分な熱が生じれば、赤ちゃんは男の子になると信じていた。袋の中に熱が足りないと、女の性であるところの内なる冷たさが勝ってしまい、赤ちゃんは女の子になってしまう。したがって男性は十分な情熱やほてりを生み出せなかったら、屋外の温度で熱を偽装すればよいのである。

環境要因が赤ちゃんの性別を決定するという考え方は、二〇世紀になっても残っていた（後に栄養など他の要因も追加されたが）。数千年にもおよぶ理論化の果てに、一九〇五年にようやくネッティー・スティーヴンズが科学の訂正に手を貸した。性別を決めるのは熱でも食事でも、ベッドのどちら側から起きあがるかということでもない。染色体が受精時に赤ちゃんの性別を決定する。スティーヴンズはそれを証明するため、ミールワームからデータを採取した。

受精卵をどちらかの性別に振り分けるのは外的要因であるという考えが根深かったため、同時代の人々がスティーヴンズの発見を受け入れるには何年もかかった。ようやく風向きが変わってきた頃には、時すでに遅し。スティーヴンズがその業績にふさわしい評価を受けることはかなわなかった。スティーヴンズは、仕事を始めた一一年後に乳がんで命を落としていたのである。性決定の発見は、遺伝における染色体の役割に関する研究をした遺伝学者トーマス・H・モーガンの功績とされることが多い。スティーヴンズが性決定に関する論文を発表したとき、彼女の指導教官であるモーガンは、性決定には環境が関与するという当時支配的だった理論に固執した。少なくとも初めのうちは。

スティーヴンズは長く待ち続けるような状況には慣れっこだった。大工の娘として生まれ、経済的支援に欠ける状況で、スティーヴンズは大学に通って自分の道を切り開いた。三五歳になるまで、大学の授業と教師の仕事との間を行ったり来たりして、研究機会に備えてお金を節約していた。

一八九〇年代、スタンフォード大学は創立したばかりで、まだリーランド・スタンフォード・ジュニア大学と呼ばれていた。同大学は東海岸で大規模な広告キャンペーンをうち、国中の学生の気をひいてベイエリアに集めようとした。スタンフォード大学はカリフォルニア大学よりも学費が安く、ユニークな共通科目制度を提供していた。学生は専門分野に関わらず、興味のある講義を受講することができる。バーモント州で生まれたスティーヴンズは、一八九六年にスタンフォード大学に入学した。彼女は常に科学に興味を抱き続けたスティーヴンズは、ようやく生物学を追求できるようになった。彼女が研究時間の大半を費やしたのは原生動物を捕らえることである。学部時には新種を発見し、それを繊毛虫類の新しい属に組み入れた。スティーヴンズの研究はクラスメートたちの研究の前ではまったく風変わりだった。彼女は繊毛虫の細胞の構造を観察し、原生動物に明確な染色体があることを初めて発表したのだ。

スタンフォード大学で生物学の基礎を固めたものの、まだまだ伸び盛りだったスティーヴンズは、東部に戻ってブリンマー・カレッジの最先端研究に惹きよせられた。世紀の変わり目にあって、ペンシルベニア州にあるその小さな大学は遺伝学の才能の拠点となっていた。モーガンはエドマンド・ビーチャー・ウィルソンの後を継いで、ブリンマー・カレッジの生物学部を率いていた。スティーヴンズは染色体研究に対する卓越した理解力で、この生物学部長と彼の研究にたちまちなじんだ。彼女は複数のフェローシップに申請し、ドイツとイタリアに渡り細菌学の研究を重ねた。一九〇三年、四一歳でスティーヴンズはブリンマー・カレッジから博士号を授与された。

大学教育を修めたことで、スティーヴンズはおなじみの問題に引き戻された。研究資金である。ブリンマー・カレッジの遺伝学コミュニティで研究を続けることを望んだスティーヴンズは、学資支援を求めてカーネギー研究所に働きかけた。モーガンとウィルソンはともに推薦状を提出した。モーガンは「彼女の指名を切にお願い申し上げる次第です」と書いた。「私が過去一二年間で受け持った大学院生のうち、研究活動において彼女ほど有能で自主的に動ける人はいませんでした。…彼女は自立した独創的な精神を持っており、引き受けたことは何でもとことんやります」(1)

推薦状が功を奏し、スティーヴンズは性の決定メカニズムの解明に全力を注げるようになった。この研究は次のように進められた。ミールワーム、カブトムシ、蝶から小さな生殖腺を摘出し、それらを固定液に浸す。それから琥珀が蚊を閉じ込めるように、保存した生殖器官をパラフィンで包埋してブロックにし、構造を破砕しないよう薄切りの切片にする。切片をスライドガラスに接着して染色し、顕微鏡で詳細に観察する。うまくいけば、染色体の糸全体を目前で見ることができた。

時が経つにつれて、スティーヴンズはそれらの構造に一定のパターンが現れることに気づいた。オスの生殖細胞はX染色体とY染色体の両方を含む。メスの生殖細胞はX染色体のみをもつ。スティーヴンズはメンデルの遺伝学および遺伝形質に立ち返り、赤ちゃんの性別を決定するのは、受胎時の染色体の組み合わせであると結論づけた。スティーヴンズは一九〇五年に、この理論を上下二巻の書籍で発表した。同年、かつての指導教員であったウィルソンも、独自にほぼ同じ結論に達した。ウィルソンの論文は、二〇〇〇年以上受け継がれた通念をひっくり返すことに対してだいぶ腰がひけていた。スティーヴンズは大胆な主張を厭わなかった。「こちらをご覧ください。大きいほうの性染色体を含む精子で受精した卵がメスになることは完全に明らかです」[2]。スティーヴンズは十分すぎるくらい長く待ち続けていたのだ。

引用文献

（1）Stephen G. Brush, "Nettie M. Stevens and the Discovery of Sex Determination by Chromosomes." *Isis*, June 1978.
（2）Bryn Mawr College Monographs, Reprint Series, vol. 7, N. M. Stevens, *Studies in Spermatogenes , Part I & Part II*, Washington DC: Carnegie Institution of Washington, 1905 & 1906.

ヒルデ・マンゴルト
Hilde Mangold
1898-1924
実験発生学者・ドイツ人

ちっぽけな道具セットを用いて、ヒルデ・マンゴルトは低倍率顕微鏡下で両生類の胚をスライスした。実際の切開は、ミクロガスバーナーの炎で針先をとがらせたガラス製の極細針で行った（そのバーナーが毛細管サイズの火炎誘導管を備えていたからである）。胚をひっくり返す必要があれば、マンゴルトは赤ちゃんの髪で作られた輪で軽くつついた。この道具は、指導教官の子供が無意識のうちに提供してくれた髪の毛の端をまとめて、もう一つの細いガラス管に押し込み、蝋で固めて作ったものだ。マンゴルトはある生物種の胚から特定の塊を慎重に切り分け、それを他種の胚の特定の場所に移植した。接合した胚は、成長させるために池水に戻された。保護膜から取り出され、水中の細菌にさらされた胚は、ほとんどが死に到った。

繁殖期は四月に始まる。マンゴルトは六個の胚を報告できる結果に育てるまでに二年をかけた。マンゴルトは、胚のいわゆる「オーガナイザー（形成体）」を発見したのだ。オーガナイザーとは、神経管（一般的には受精卵における中枢神経系および脊椎の原基である）を形成させる細胞塊である。マンゴルトはオーガナイザーが組織や器官の成長を誘導し、動物に命を吹き込む過程を示した。どんな細胞群でも別の胚に移植すると、それらの細胞は移植先の両生類で正常な組織に成長する。しかしオーガナイザー細胞をある胚から摘出して、移植先のオーガナイザー領域を破壊しないように注意して別の胚に加えると、二つの頭を持つオタマジャクシが発生するのだ。

この実験は、ドイツのフライブルク大学におけるマンゴルトの博士論文になった。指導教官だったハンス・シュペーマンは、彼女に「1-2」(最高点ではないがほぼ最高点に近い)とする評価を与えた。「多大な、特に技術面における困難は、ヒルデ・マンゴルト女史のたぐいまれなる器用さと忍耐力で解決をみた」とシュペーマンは記している。「本実験が有益な成果を挙げたことは、理論上きわめて重要である」(1)。シュペーマンはマンゴルトに実験を指示し、かつ指導教官だったので、彼は論文の彼女の名前の隣に自分の名前を無造作に記した。

マンゴルトの論文は一九二四年に発表された。この論文はシュペーマンに一九三五年のノーベル医学賞をもたらす基礎となった(完璧な評価ではないが悪くない)。マンゴルトの名前はシュペーマンのスピーチで言及されたが、彼女の姿はそこにはなかった。マンゴルトは一九二四年、自宅のキッチンのガスストーブ爆発により命を落とした。

マンゴルトの名は、炎の中でかき消されたも同然だった。しかし六〇年が経ち、ようやくかつての同僚である古い友人がさっそうと舞い降りた。「彼女の同期はもうほとんど生き残っていない」とヴィクトル・ハンブルガーは一九八四年に書いた。「彼女のことをよく知っていた同期の一人として、私は彼女を忘却から救うべきだと感じている」(2)

マンゴルトとハンブルガーはともに一九二〇年にフライブルグ大学で研究を始めた。二人とも、小さな町のかなり裕福な家庭の出身だった。二人は蘭の花摘みを楽しみ、さまざまな文学の味わいをわかちあった。マンゴルトは、哲学、美術史、染色体に関する書物を次々と読み進み、読書中の本についてハンブルガーと語らうことを好んだ。動物学研究所の二階では、二人の研究机が隣り合わせに並んでいた。受講している細胞学の授業で標本の寄贈が必要になると、マンゴルトとハンブルガーは野外を探索し、解剖のために生きているキリギリスを採集した。二人はまた、研究室に長時間こもって胚を用いた実験にいそしんだ。「私たちは自分の身体に栄養を与えることより、考えに糧を与えることを優先していた」(3)とハンブルガーは記している。食糧供給の問題は、彼の成績評価に関わった可能性がある。ハンブルガーは、ある年の冬を学生たちはほぼカブだけで生き延びたと打ち明けた。

そこはシュペーマンの研究室だったので、彼はテーマを割りふった。ほとんどの学生に、シュペーマン自身の研究を支援するタイムリーな課題が出された。マンゴルトは一八世紀の実験を再現するように依頼されたとき、彼の研究にわずかにかすっているだけにすぎない課題を割り当てられたと感じていた。彼女の最初の目標は、小さくて透明な、樹状のポリプであるヒドラをひっくり返すことだった。シュペーマンは知りたかったのである。先行研究が示したように、ヒドラの内部はひっくり返されても外部と同じような役割を果たすだろうか。逆もまた然りだろうか。

マンゴルトは何度も挑戦したが、いかなる成果もあげられなかった。シュペーマンも介入して試してみたが、それでも失敗した。自分の研究が進展しないことに不満を抱いたマンゴルトは、論文をまとめられるような別の課題を与えてほしいとシュペーマンに懇願した。蓋を開けてみれば、論文のテーマを切り替えたことが、控えの選手が先発ピッチャーになるような快挙につながった。新しい課題に取り組んでいる間に、マンゴルトは見つけにくいオーガナイザーを発見したのである。

彼女は実験に満足したが、シュペーマンが論文の筆頭著者として彼の名前を付け加えたときはことのほか腹を立てた。ハンブルガーやほかの学生たちが論文を発表するときは、そのように介入されることはなかったからだ。確かにシュペーマンはマンゴルトをオーガナイザー実験に導いたが、筆者欄を追加されたことにマンゴルトが怒るのは当然だった。マンゴルトの論文は「発生生物学の新時代を創りだした」[4]かもしれない。しかし何十年もの間、その業績を彼女の名前に紐づけておくのは非常に難しいことだった。

引用文献

(1) Viktor Hamburger, "Hilde Mangold: Co-Discoverer of the Organizer." *Journal of the History of Biology*, Spring 1984.
(2) Ibid.
(3) Ibid.
(4) Klaus Sander and Peter E. Faessler, "Introducing the Spemann-Mangold Organizer: Experiments and Insights at Generated a Key Concept in Developmental Biology." *International Journal of Developmental Biology*, 2001.

シャーロット・アワーバック

Charlotte Auerbach

1899-1994

遺伝学者・ドイツ人

ショウジョウバエを十分に曝露させるため、シャーロット・アワーバックは液体マスタードガスを加熱したふたなし容器に、ショウジョウバエ入りの小瓶を落とした。彼女と研究パートナー、数人の助手たちは皆エディンバラ大学に所属しており、交替でショウジョウバエの曝露にあたった。「私たちは多くの技術者を雇いました」とアワーバックは回顧する。「みんなマスタードガスにアレルギー反応を起こしてしまいました」(1)。しばらくして、誰がハエを扱うかは、順番が回って来た人より、まだアレルギーを起こしていない人が優先されるようになった。この仕事で手にやけどを負ったアワーバックは、いよいよ手足をガスにさらすことをやめなければ、重傷を負うことになるだろうと警告された。

アワーバックと仲間たちは、マスタードガスの重大さに気づいていなかったかのようだが、そうではない。彼らが最初に研究を始めたのは、イギリス戦争省がマスタードガスの身体への影響程度を理解したがっていたからである。医師たちは、初めて曝露してから数年、いや数十年経ってもマスタードガス由来の損傷を抱えた患者を診てきた。アワーバックとその研究パートナーであるJ・M・ロブソンがこの研究を開始した一九四〇年当時の目標は、マスタードガスが遺伝子の突然変異を引き起こしたかどうかを確認することだった。

アワーバックは、エディンバラ大学薬理学部の屋根の上に間に合わせで設置されたマスタードガス実験室から、ハエを動物遺伝学研究所に持ち帰り、一連の検査を実施した。彼女はそこで、オスのハエのX染色体に突然変異が起きたかどうかを調べた。実験から二カ月以内に、アワーバックはつじつまの合うデータを着々と得ることができた。結果を確信した彼女は、この知らせを伝えるため、一九四一年六月に研究プロジェクトの指導教官（そして将来のノーベル賞受賞者）ハーマン・J・マラーに手紙を書いた。マスタードガスという言葉は省略されていたものの（この研究は機密扱いされていた）、マラーはただちにそのメッセージの意味を理解した。一九四一年六月二一日、アワーバックは返信を受け取った。「私たちはすぐれて理論的かつ実用的な領域を切り拓くあなたの大発見の知らせを聞いて興奮しています。おめでとう、アワーバック、そしてロブソン」(2)。後にアワーバックは、マラーの返信は「最高の御褒美」だったと伝記作家に語っている。

その言葉をかけられたのは幸運でもあった。彼女の「大発見」は何年もの間、他の人からの称賛を浴びることはなかったからだ。実験結果は機密事項であり、それゆえ戦争が終わるまで公開されなかった。アワーバックは『ネイチャー』誌にいくつかのヒントをちらつかせたが、彼女とロブソンが実験結果の一部始終を発表するのは、一九四七年になってからのことである。他の科学者たちがホルムアルデヒドとウレタンに起因する突然変異についての話を伝えにくると、アワーバックは自分が新たな研究分野の前線にいることに気づいた。彼女が感激したのは、初めてロシア人の訪問者に会ったときのことだった。彼は「あなたは突然変異誘発の母で、ラポポート（ホルムアルデヒドの研究者）は父です！」(3)と言ったのである。

しかしアワーバックがその発見で科学界から注目を集めたおかげで、マスタードガス研究のパートナーであるロブソンとの関係は永久に終わりを告げた。すべての遺伝学研究を担当していたのはアワーバックだったにもかかわらず、彼は十分な名声を得ていないと感じていた。特にアワーバックが一九四八年にエディンバラ王立協会からキース賞を授与された際にその感情が噴出した。ロブソンは、アワーバックが受賞を拒否するか、賞を自分と共有するよう主張するべきだったと考えていたのである。アワーバックはロブソンに、自分が第一に栄誉を受けたのは、大学でほんの少ししかお金を得ておらず、五〇ポンドの賞金が切実に必要だったからだと説明し、赦しを請うた。

アワーバックが評価されるまでの道のりは平たんではなかった。彼女は惨めなくらい薄給で、かつ戦争のために大学での地位を失う危険にさらされていたスコットランドのドイツ系移民だった。彼女はヒトラーの支配から辛くも逃げ出してきたばかりだった。

二つの経験が彼女を生物学に導いた。一つ目は、彼女が一四歳のときに受けた、担任教師によるただ一度の、教科書を使わない、染色体と有糸分裂の基礎についての一時間の授業だった。アワーバックはそのときのことを「私の学校生活における数少ない偉大で霊的な経験の一つ」(4)と振り返る。その後、ベルリン大学に学部生として入学したアワーバックは、生物学の講義を受講し、かつての崇高な気分を再体験した。

アワーバックは、より高度な教育を受けることと、財政状況を改善するために中学校で教えることとの間で揺れ動いた。一九三三年、ある文書が告知され、アワーバックはユダヤ人であるという理由で教職を失うことになった。アワーバックの母親は、最悪の事態がそのうち訪れると感知し、ドイツを出るように促した。父親の友人がエディンバラ大学にコネがあったので、アワーバックはスコットランドに避難する。スコットランドに足を踏み入れると、エディンバラ大学の籍を得ることは困難であるとわかった。彼女は無一文だった。そして書類の不備があったため、危うく博士課程の学生として却下されかけた。学位を取得した後でさえ、どこか別の場所で仕事を得なければならないと言われた。アワーバックは動物遺伝学研究所の長であるF・A・E・クルーに、自分を置いてもらえるように懇願した。気が進まないながらも、クルーはアワーバックを個人的な助手として採用した。

クルーは下っ端が四六時中そばにいることを好んだが、その見返りに卓球とコーヒーを楽しみながら、活発に研究の話ができる仕事場を提供した。アワーバックはクルーの助手として、研究を行い、論文を執筆した。彼女は論文の共著者になったが、その地位では雀の涙ほどの収入しか得られなかった。移民住宅に住めるだけのお金をかき集めるため、アワーバックは齧歯類ケージの掃除、学生の指導、翻訳、他部署の手伝いといったこまごまとした雑用をできるかぎりなんでも引き受け、給料の足しにした。

クルーがマラーのもとで研究するよう任命した当初、アワーバックは尻込みした。「申し訳ありませんが無理です。細胞学は苦手です」(5)。「まあ、君は僕の私設助手なんだし」とクルーは答えた。「僕の言うことを聞く必要があるだろうね」。上司の言い分はあまり納得のいくものではなかったが、マラーは（この出来事について弁解するために彼女の職場に再び顔を出したあとに）より説得力のある主張を展開してくれた。もし彼女が乗り気でなかったら、仕方がないことではあるが、マラーの説明は聞き逃されてしまっただろう。アワーバックの主な関心は遺伝子に関連する発生上の問題であったが、遺伝子を理解することとは遺伝子の突然変異を理解することだとマラーは説明したのだ。アワーバックは受け入れた。

マスタードガスによるほんの少しのやけどと、その後研究室でした一仕事で、アワーバックは遺伝子突然変異分野のトップに立った。人呼んで、突然変異誘発の母である。

引用文献

（1）G. H. Beale, "Charlotte Auerbach, 14 May 1899–17 March 1994." *Biographical Memoirs of Fellows of the Royal Society*, November 1995.
（2）Ibid.
（3）Ibid.
（4）Ibid.
（5）Ibid.

バーバラ・マクリントック

Barbara McClintock

1902-1992

遺伝学者・アメリカ人

バーバラ・マクリントックは、ある世代のトウモロコシがその遺伝形質を次世代に伝えるしくみを研究して高い評価を得た遺伝学者である。しかしミズーリ大学では、トラブルメーカーとして知られていた。マクリントックの次のような点が悪評を招いたのである。畑でニッカーボッカーズ［膝下までのふんわりしたズボン］ではなく男性用のズボンを穿くこと。大学の門限を過ぎても学生たちを研究室に居残らせること。断固として機能的な流儀でやりくりすること。これらはマクリントックにとっては実用的な選択であり、自他の仕事を改善するものと考えていた。しかし上司は彼女のふるまいを偏屈だとみなした。マクリントックは教員会議から排除され、研究支援の要請は拒否され、昇進の機会がないことも明らかだった。つまり、結婚が決まればクビ、研究パートナーが大学を離れた場合もクビ。学長はただ彼女をやめさせる口実を待っていた。

耐え忍んだほうがよいときもあれば、すぐに逃げ出すべきときもある。マクリントックはミズーリ大学で五年間働いたあと、一九四一年に出ていくチャンスを見つけ、後ろ手で扉をバタンと閉めた。大量の荷物を抱えこむタイプでも、他人の見る目のなさに落ち込むタイプでもなかったマクリントックは、「フォード・モデルA」に飛び乗り、そよ風に乗ってサーフィンするタンポポの種のように出発した。マクリントックと、彼女の遺伝学研究のみごとな基準を受け入れてくれる先があるかどうかもわからないまま。ミズーリ大学に背を向けることで、これまで懸命に研究して磨いてきたキャリアを失う可能性もあった。

しかし、自由はマクリントックにとって馴染みの深いものだった。赤ちゃんだった頃、母親はよくマクリントックを枕の上に置き、ほったらかしにして一人遊びをさせていた。世界、およびその驚くべきパターンと特性のすべてについてじっくりと考えることは、マクリントックが物心ついたころからの幸せな気晴らしだった。「家族から浮いていましたが、家族の一人であることはうれしく思っています」とマクリントックは言う。「私は変わり者のメンバーだったんです」(1)

マクリントックのアウトサイダー的立ち位置は、科学界においてもあまり変わらなかった。マクリントックは間違いなく科学界に所属していたし、自身の研究にとことん夢中になっていたが、完全に同化することはなかった。この問題の一部は社会的なものである。男性が兵役にとられたために職業が女性に開放された第二次世界大戦中に比べると、一九二〇年代の女性が大学で教員職を得ることはきわめて困難だった。一九二〇年代の米国における大学院生の女性率は最大四〇％にものぼったが、職業、とりわけ科学の仕事につながることはなかった。男女共学の教育機関に就職することができた米国の女性科学者もいたが、五％にも満たない。その場合であっても、家政学と体育科が最大の受け入れ先だった。女性が教授並みに名誉ある役職に出世することはめったになかった。主要な研究機関で教授として雇用された女性生物学者のベン図を描くとしたら、その中央部はさみしいものだった。マクリントックは決してそこには到達できなかったのである。

マクリントックの仕事ぶりも科学界の主流から遠ざかる一因だった。同僚が理解するのが困難なほど難解で複雑な実験手法は、時代を先取りしすぎていた。もしくは生物学のトレンドから外れたテーマを選んでいた。

たとえば、コーネル大学の大学院に入学した当初、マクリントックはトウモロコシの個別の染色体を識別する作業を進んで買って出た。彼女の短期指導教官であった細胞学者は、この難易度の高い目標に長い間取り組んできた。マクリントックは顕微鏡にしがみつくや、バン！と謎の扉を開いてみせた。「私は二、三日でその作業を仕上げました。すべてを明快に、すっきりと、申し分なくやりおおせたのです」(2)。彼女があまりにすばやく答えを明らかにしたため、指導教官の自尊心は傷ついた。マクリントックはこの探求にあまりに夢中になりすぎて、目上の人間の面目を失わせてしまう可能性を考慮すらしなかったのである。

他の例でいえば、彼女の革新的な実験には通訳が必要だった。マクリントックがトウモロコシの識別可能な一〇個の染色体上の遺伝子の位置について詳しく説明したときも、他大学から訪れた科学者がその研究デザインを一般向けにわかりやすく解説するまで、同僚には実験手法が不可解なままだった。「いやはや」通訳を務めた科学者は言った。「あまりにもはっきりしていたね。彼女が特別な存在だってことは」(3)

コーネル大学でのマクリントックは、生物学への情熱に燃えていた。彼女は成績優秀者にありがちなタイプではなかった。一介の大学院生がトウモロコシ染色体における発見をしたことが知られると、マクリントックに心酔した教授や博士号取得者たちのグループがキャンパスで彼女にまとわりついた。「彼女が与えてくれた刺激を楽しんでいたんです」(4)とそのうちの一人が言った。投げられたごちそうを求めて転がるように走る子犬のように。マクリントックを知的先導者としたこのグループが、遺伝学を黄金時代へと導いた。マクリントックは誇らしげに詳述する。「染色体に関するきわめて有力な研究のおかげで、細胞遺伝学が知られるようになりました。…年配の人たちは参加できませんでした。だって彼らは理解できませんから。実のところ、若者たちがこのテーマを進めていったんです」(5)

医学博士を取得した後、マクリントックはコーネル大学で論文を発表し、植物学を教え、学生に助言を与えながら数年を過ごした。一九二九年、彼女は大学院生とともにつやつやした紫色の穀粒のトウモロコシと、つやつやでも紫色でもない穀粒のトウモロコシを一緒に栽培した。マクリントックの実験は、たとえばつやつやしていないのに色鮮やかな穀粒といったように、一つの特性を継承するがもう一つの特性は継承しない穀粒があるということを示すものだった。この新しいトウモロコシの染色体を顕微鏡で見たマクリントックは、外観が著しく異なっていることを発見した。片方だけの形質を受け継いだ穀粒では、染色体の一部が位置を交換しあっていたのである。

この発見は現代生物学で最も素晴らしい実験の一つとして賞賛された。マクリントックはわずか二九歳で、正規の大学教授の地位もないまま、自身が遺伝学研究の強力な戦力であることを証明したのである。学部長は彼女を教授として迎え入れることに賛成だったものの、コーネル大学の教授陣が反対した。そのためマクリントックは、あちこちから研究奨学金を獲得し、根を下ろせる新天地を求めてコーネル大学を離れた。

米国最高の研究機関はマクリントックをめぐって争奪戦を繰り広げるべきところだが、それどころか彼女はトウモロコシを植えるための場所探しに追われるはめになった。マクリントックはトウモロコシを植えてもいい場所を、ニューヨーク州ロングアイランドのコールド・スプリング・ハーバーに見出した。同施設は高等学校および大学の先生が海洋生物学を学ぶ場所として一八九〇年に創設されたが、マクリントックが訪れたときは遺伝学研究所になっていた。ここの雰囲気は理想的だった。マクリントックは教育の義務もなく、研究について一切拘束されることもなく、完全にやりたい研究をしてよかった。彼女はジーンズを穿き、何度でも好きなだけ遅くまで仕事をすることができた。この職場はあまりにも彼女にぴったりだったので、社交をしようと思ったときは友人を「自宅」ではなく研究室に呼んだ。この「自宅」は、職場から道路を隔てたところにあったガレージを改造した暖房のない部屋で、もっぱら寝るためだけに使われていた。

マクリントックは並外れた整理魔だった。クローゼットの衣類は全て同じ方向を向き、科学標本は一つひとつ丁寧にラベルが貼られていた。時折彼女は研究に夢中になりすぎて、顕微鏡を覗き込むとき、細胞の奥底にある秘密を求めて洞窟探検をしているように感じられることがあった。「顕微鏡の外側をまったく意識しないでいると」と彼女は回想する。「すっかり心が吸い込まれてしまって、小さなものさえ大きく感じられるんです」(6)

マクリントックはコールド・スプリング・ハーバーで六年間を過ごし、最高の科学的成果を収めた。

ようやく自分の発見を研究者グループにお披露目するときがきたものの、マクリントックの一時間の発表は、聴衆に沈黙で迎えられた。聴衆の一人は、彼女の発表を「鉛の風船が落ちたようだった」(7)と思い返す。マクリントックはただ、遺伝子がスイッチをオン・オフし、染色体上の位置を変えることができる研究事例をていねいに示し、科学者がこれまでに理解していたものより遺伝子がはるかに流動的であることを説明したのだった。当時一般的だった考えでは、遺伝子は家具を留めるボルトのようなものだと思われていた。一九五〇年代に、さまざまな分野の研究者が遺伝学ゲームに参入した。化学者と物理学者は、遺伝的形質を理解するにあたり自分の専門分野の知識を応用した。遺伝子構造を観察する新しい方法が溢れかえり、トウモロコシは人気を失っていた。「彼らが発表を理解できず、真剣に受け止めていないとわかったときはびっくりしました」とマクリントックは当時の発表について語った。「でも、気にしませんでした。私は自分が正しいってわかってましたから」(8)

彼女は正しかった。それから約二〇年後にようやく分子生物学者が彼女がトウモロコシで見たものを細菌で見つけ出すと、マクリントックの考えが受け入れられるようになった。その知らせを聞いたマクリントックは大喜びした。「最近明らかにされた驚きの新事実は……大変おもしろいものばかりです」と彼女は友人への手紙に記した。「それらが与えてくれる刺激をとことん楽しんでいます」(9)。マクリントックの研究が公的に認知されると、さまざまな賞が舞い込んできた。マッカーサー栄誉賞に、アルバート・ラスカー基礎医学研究賞。しかしノーベル賞はなかった。偉大ではあるが無視された発見から三二年経って、ようやく一九八三年にマクリントックは自分の名前がラジオで発表されるのを耳にした。ついに科学の最も権威ある賞を受賞したのである。マクリントックの「可動遺伝因子の発見」[10]は、ノーベル委員会によって「現代の遺伝学における最も偉大な二つの発見のうちの一つ」と謳われた。

その後何年もの間、マクリントックは遠回しに同じ質問を繰り返し尋ねられた。「認められるまでに大変な時間がかかったことはつらくなかったんですか？」。彼女の答えはこうだった。「いえいえいえ、楽しい時を過ごしていたら、公の場で認められる必要はないのです。これはとても真剣に言ってるんですよ。そんなものは必要ありません」。特徴的な自信あふれる態度で、彼女は付け加えた。「自分が正しいとわかっていたら、気にしなくていいんです。何かを思いついて実験を行えることは、大変な喜びです…私はすばらしい時間を過ごしてきました。実験よりすてきなことなんて想像できません。私はとても、とても充実した面白い人生を送ってきたんです」

引用文献

（1）Sharon Bertsch McGrayne, *Nobel Prize Women in Science: Their Lives, Struggles, and Momentous Discoveries*. 2nd ed. Washington, DC: National Academies Press, 2001.

（2）Evelyn Fox Keller, *A Feeling for the Organism: The Life and Work of Barbara McClintock*. New York: Henry Holt, 1983.（邦訳：エブリン・フォックス・ケラー著、石館三枝子／石館康平訳『動く遺伝子　トウモロコシとノーベル賞』晶文社、一九八七年）

（3）Ibid.

(3) Ibid.

(4) Sharon Bertsch McGrayne, *Nobel Prize Women in Science: Their Lives, Struggles, and Momentous Discoveries*. 2nd ed. Washington, DC: National Academies Press, 2001.

(5) Ibid.

(6) Evelyn Fox Keller, *A Feeling for the Organism: The Life and Work of Barbara McClintock*. New York: Henry Holt, 1983.

(7) Sharon Bertsch McGrayne, *Nobel Prize Women in Science: Their Lives, Struggles, and Momentous Discoveries*. 2nd ed. Washington, DC: National Academies Press, 2001.

(8) Ibid.

(9) Press conference on 1983 Nobel Prize, Ibid.

(10) The Nobel Prize in Physiology or Medicine 1983." Nobel Prize, http://www.nobelprize.org/nobel_prizes/medicine/laureates/1983/, accessed August 4, 2014.

サロメ・グリュックゾーン・ウェルシ

Salome Gluecksohn Waelsch

1907-2007

発生遺伝学者・ドイツ人

サロメ・ウェルシは「おそらく誰よりも深く広く」(1)物事を見ていた。講義では、新しい科学的知見をすぐさま生物学や遺伝学の歴史の中に位置付けてみせることで、その知見の背景を明らかにした。彼女と同世代の優れた科学者の中には、専門外のことについては理解が追いつかない者もいた。ウェルシの視野は広かった。遺伝学と発生学という二つの分野をつなぐことで、彼女は新しい分野を作り出したのである。一九三八年、ウェルシは発生遺伝学を共同創設した。発生遺伝学とは、遺伝子発現における突然変異の役割に特化し、その方法論を明らかにする分野である。

ウェルシの創設者としての立場は、彼女の個人的な哲学に深く結びついていた。「科学者は、自身を取り巻く個人的、社会的、政治的な事象から完全に切り離され、隔絶した状況にあっては、知的営為も実験的活動もなしえないと確信しています」とウェルシは説明する。「私は常にこうした外部の要素に注意を払ってきました」(2)

ウェルシが生まれる前、両親はロシアからドイツへ引っ越した。ユダヤ人であるために、両親は甚だしい偏見に直面した。彼らは子供たちに教育の重要性を教えこんだ。そのことは「想像以上に私を助けてくれました。のちにヒトラーの被害者になったからです」(3)とウェルシは指摘する。教育は、ウェルシにドイツから脱出するチケットを与えてくれた。その時期、彼女の人生がどうなるかは教育にかかっていた。

当初、ギリシャ語とラテン語の学位を取ろうと考えていたものの、言語の学位の有用性に疑問を抱く友人たちから説得され、ずっと科学に心奪われていたウェルシは、化学と生物学に変更した。

一九二八年、ウェルシは博士号を取得するためにベルリン大学からフライブルク大学に移った。ウェルシは到着したとき、指導教官（そしてすぐにノーベル賞受賞者になる）ハンス・シュペーマンはただ、彼女がフライブルク大学で勉強することはできないと話す勇気がないのだろうと考えた。「最初の会合で、お互い合わないことは非常にはっきりわかりました」(4)とウェルシは振り返る。友人たちは、ウェルシの歯に衣着せぬ物言いがシュペーマンの好みに合わなかったのかもしれないと考えた。ウェルシのほうでは、シュペーマンは女性を対等な存在として尊重していないと感じていた。いずれにせよ、シュペーマンの研究室は実験発生学にとってきわめて重要な場所だった。ウェルシはシュペーマンの研究を高く評価しており、彼の研究室で大きな役割を果たすことができればいいのに、と願っていた。他の人たちが実験発生学の分野で手ごたえのある課題を与えられているときに、ウェルシには残りかすのような補助業務が回ってきた。こうした不和にも関わらず、ウェルシはシュペーマンから膨大な学びを得た。ウェルシは自身の流儀に従い、シュペーマンとの仕事から能う限りすべてを吸収した。それが彼女の助けになることは、のちに知ることになる。

実験発生学の世界的な権威であるシュペーマンのもとには、世界中から多くの研究者が訪れた。

ウェルシは抜け目なく通りすがりの彼らと意義深い関係を築いていった。フライブルク大学での三年間で、ウェルシはヴィクトル・ハンブルガーと親しくなった。ハンブルガーは彼女の論文研究を監督し、遺伝学、ならびにコンラッド・ウォディントンという同期生を紹介してくれた。ウォディントンはウェルシに、遺伝学研究と発生研究の関連性を教えてくれた。

ウェルシがキャリアの確立に近づく一方で、夫はユダヤ人であるために大学での職を解かれた。すでに有望な生化学者として名声を確立していた夫は、ただちにニューヨークのコロンビア大学からオファーを受けた。それからまもなくして、ウェルシと夫はドイツから米国へと旅立った。

ウェルシは仕事を失ってから三年後の一九三六年、教職員の懇親会でコロンビア大学の遺伝学者L・C・ダンに出会った。彼は発生生物学者を雇うことを考えており、ウェルシと契約を交わした。あくまで契約であり、雇用ではなかった。というのも、給与を払えないなど、多少の条件があったからだ。しかしウェルシの専門知識と引き換えに、ダンは彼女に遺伝学研究の訓練を施すつもりだと言った。ウェルシはどうにかして研究に戻りたいと考えており、専門分野を組み合わせる提案はとりわけ魅力的に映った。彼女はダンの研究に加わることに同意した。

給料こそ出なかったが、環境はウェルシにぴったりだった。二年もしないうちに、ウェルシは最も重要な研究の一つを発表した。論文の序論（この論文は無尾マウス研究をベースにしていた）では、発生遺伝学の新たな分野の目標だけでなく、研究方法論についても概説した。それは既存のいかなる方法論とも著しく異なるものだった。たとえば実験発生学では、科学者は仮説を検証するために実験をデザインする。発生遺伝学においては、自然発生する遺伝子の突然変異が「正常な発達を阻害することによって、胚に『実験』を行う」(5)とウェルシは説明した。突然変異誘発研究では、科学者はDNA異常からその自然科学的結論まで、発達の連鎖全体を観察する。ウェルシはこう書く。「発生遺伝学者は、まず突然変異の発生過程(すなわち発生の障害の結果)を研究しなければならず、そうすることで時おり遺伝子が行う実験の性質について結論を出すことができる」。この文章は、新しい分野への行動を呼びかける宣言文として機能した。

ウェルシはコロンビア大学で働いている間、教員の職が得られなかったにも関わらず、非常に生産的な一九年間を過ごした。彼女が動物学部でより大きな役職に就きたいと頼んだときはいつでも、あらゆる種類の独創的な言い訳で退けられた。それらの言い訳は、すべて同じ理由に基づくものと思われた。女はダメ。今はダメ。

一九五五年、ウェルシはニューヨークの新しい大学であるアルバート・アインシュタイン医科大学の教職員として招聘された。当時、遺伝学は大学教育にまったく組み込まれていなかったので、大学レベルのごく初歩的な遺伝学講義の一部を指導するよう求められたのである。ウェルシは准教授として仕事を始めたが、当然ながら順調に出世し、最終的に遺伝学の教授となった。

一九九二年、ウェルシは発生遺伝学での経験と科学史の深い知識を組み合わせ、発生遺伝学における過去五〇年間の研究を振り返る講演を行った。ハンブルガーとダンが、新分野の立ち上げにいかに力を貸してくれたか。当時の説明を聞いて、聴衆は彼女の形成期の話に引き込まれた。ウェルシは節目となる大きな発見、すなわち神経成長因子および調節遺伝子の話を通じて、聴衆を現代の発生遺伝学へと導いた。ウェルシは講演が終わりに近づいても、同分野の未来についてあえて決定的なことを口にしなかった。ウェルシが既存の学問領域を結合して自身の専門分野を築いたように、彼女は未来の研究者たちが、新しく興味深い専門分野を組み合わせるよう期待を寄せたのである。「私は個人的に、分子発生生物学と分子遺伝学がどこまで一つの科学に融合していくのかということにますます感銘を受けています」[6]。言い換えれば、未来は可塑的である。そして未来を見るには、歴史の声に耳を傾け、十分に広い視野を持つしかないのだ。

引用文献

（1）Davor Solter, "In Memoriam: Salome Gluecksohn-Waelsch (1907–2007)." *Developmental Cell*, January 2008.
（2）Salome Waelsch, "The Causal Analysis of Development in the Past Half Century: A Personal History." *Development*, 1992.
（3）Susan A. Ambrose et al., *Journeys of Women in Science and Engineering: No Universal Constants*. Philadelphia: Temple University Press, 1997.
（4）Salome Waelsch, "The Causal Analysis of Development in the Past Half Century: A Personal History." *Development*, 1992.
（5）S. Gluecksohn-Schoenheimer, "The Development of Two Tailless Mutants." *Genetics*, 1938.
（6）Salome Waelsch, "The Causal Analysis of Development in the Past Half Century: A Personal History." *Development*, 1992.

リータ・レーヴィ＝モンタルチーニ

Rita Levi-Montalcini

1909-2012

神経学者・イタリア人

リータ・レーヴィ＝モンタルチーニの一〇三年の生涯における最後の二年間、イタリア人はこんなジョークを飛ばした。ローマ法王は彼女を伴って現れる限り、皆に法王だと認識してもらえるだろう。一六〇センチほどの小柄な女性だが、彼女の研究と人生の物語は、サイドになでつけたその象徴的な髪型と同じくらい大きくドラマティックである。

レーヴィ＝モンタルチーニは、ハンドバッグやポケットに一組のマウスを入れてブラジル行きの飛行機で密輸したことがある。もちろん、研究のためだ。またあるときは、第二次世界大戦中に自転車で一戸一戸農家を回り、自分の「赤ちゃん」に食べさせるためと言って卵をわけてもらった（実際は胚の研究のためだった）。予約でいっぱいの飛行機でも、うまく言いくるめて副操縦士の座席に乗り込んだこともあった。別のフライトで航空会社が彼女のスーツケースを紛失し、着用していた服がしわくちゃだったときも、だらしない格好で聴衆の前に立つよりはマシと、アイロンのかかったナイトガウンで講演をすることを選んだ。

人生においても研究においても、レーヴィ＝モンタルチーニは堂々とした身ぶりと大きいリスクをとることを好んだ。彼女は子供の頃、科学に全身全霊を傾けるために絶対に結婚しないと誓った。その約束を、彼女は守り続けた。花嫁学校より、医学部のほうが向いていたのである。一九三八年にイタリア政府がユダヤ人であることを理由に医学と研究から彼女を排除したとき、彼女は寝室に秘密の研究室を作り、繊維状の神経細胞の発達を観察し続けた。それは医学の博士号取得に向けて研究する中で育んだ興味の対象だった。

この時期のレーヴィ＝モンタルチーニは、発達神経生物学の創始者であり、ミズーリ州セントルイスに拠点を置くドイツの発生学者ヴィクトル・ハンブルガーが書いた記事を読んだ。ハンブルガーはニワトリ胚を用いて脊髄と神経系の発達との関連性を調査した。そのアイデアは彼女の興味を刺激するものだった。秘密裏に活動している間も、レーヴィ＝モンタルチーニはうまくやれば鶏卵を定期的に入手できるだろうと計算した。

レーヴィ＝モンタルチーニはさっそく実験を行い、両者の関係性を突き止められるかどうか調べた。自分と同じように追放された教授を研究パートナーとして募集し、研究を支援してもらうために自分の家族を呼び寄せた。兄は孵卵器を作り、レーヴィ＝モンタルチーニは編み針を削って解剖用メスにした。彼女は時計修理用のピンセットや眼科医用のはさみといった、数多くの小さな器具も入手した。彼女はこれらの小道具を使って、ニワトリの胚を摘出し、脊椎を薄く切った。胚発生の各段階における脊髄のニューロンを研究した後、レーヴィ＝モンタルチーニはまったく新しいものを発見した。神経細胞はこれまで考えられていたようには増殖しなかった。つまり、神経細胞は通常の発生プロセスの一部として成長し、死んだのである。

イタリアでは論文を発表できないため、レーヴィ＝モンタルチーニは論文をスイスとベルギーの雑誌に送った。それらの雑誌はアメリカでも入手可能で、ハンブルガーは雑誌を通じて彼女の研究を知った。第二次世界大戦が終わり、レーヴィ＝モンタルチーニが寝室の外で科学実験を行うことが許されるようになると、ハンブルガーは彼女をセントルイス・ワシントン大学で重なる関心対象について議論しようと誘った。彼女はこの誘いを受け入れた。旅は数ヶ月間で終わるはずだったが、同大学に二六年間在職することになった。

レーヴィ＝モンタルチーニの神経系の知識と、ハンブルガーの分析発生学の基盤。二人は神経細胞の出現と消滅の謎を解くにあたって、理想的なペアとなった。レーヴィ＝モンタルチーニは新しい環境になじみ、朝から夜遅くまで非常に熱心に研究に励んだ。研究経験にもかかわらず、レーヴィ＝モンタルチーニは自分の最大の業績は直観によって導かれていると信じていた。「私には特別な知性はありません」(1)と彼女は語る。しかし、彼女の中にある強力な風向計がある方向や思考を指すと、「それが真実だとわかるのです。これは潜在意識にひそむ特別な才能です。理屈ではありません」。ハンブルガーは才能を信じる気持ちになっていた。「彼女は顕微鏡で覗いた切片にあらわれるものを見る素晴らしい眼を持っています。…それに彼女は非常に頭の良い女性です」

レーヴィ＝モンタルチーニはガラス皿の上で組織を培養する方法を学ぶためにブラジルへ渡った。しかしこの旅で、彼女は失敗を繰り返していた。学んだ手法を試している間、彼女は興奮と失望とのはざまで揺れ動いた（彼女の気分の浮き沈みの激しさは伝説的だったけれども）。研究者たちは神経細胞の産生をマウスに頼っていたため、決められた成長スケジュールに縛られていた。神経細胞を研究室で作ることができたら、彼女の実験のスピードは上がるはずだ。それでも、この手法はうまくいかなかった。最後の試みで、レーヴィ＝モンタルチーニはペトリ皿の片方にニワトリ胚細胞の一片を、もう片方に腫瘍の塊を入れた。触れ合わないように隣りに置くと、ニワトリ胚細胞から神経線維がみるみる伸び始め、この世のものとは思われない壊れやすい王冠のように、あらゆる方向に広がった。それは実に驚異的なショーだった。レーヴィ＝モンタルチーニは、キャリアを通じて何度も何度もこの実験を繰り返し、喜びを反芻した。

神経の成長を促進する因子は何なのだろう？　セントルイスに戻った彼女は、その答えを見つけるには数カ月かかるだろうとふんだ。

数カ月が過ぎ、一年、二年、三年が過ぎた。その間ずっと、レーヴィ＝モンタルチーニと研究パートナーのスタンリー・コーエンは猛烈に働いた（この時、ハンブルガーはすでに研究の一線から退いており、どちらかといえば助言者として関わっていた）。研究チームは腫瘍を成長させ、ヘビ毒で実験し、マウスの唾液について考えることに多大な時間を費やした。六年後となる一九五九年、彼らは神経成長因子がマウスの唾液腺にあることを同定し、神経線維をこの世のものとは思えない王冠状の放射に作り上げるものを精製してみせた。

一時は、この発見は小さなもので、見事ではあるが応用範囲は狭いとみなされた。しかし次々に成長因子が発見されるにつれて、同分野は盛り上がっていく。神経成長因子は、変性疾患の進行から皮膚移植の成功、損傷した脊髄の保護などあらゆるものに影響を及ぼすことが判明したのである。

一九八六年、彼女とコーエンは二人の研究でノーベル生理学賞を受賞した。ノーベル賞はレーヴィ＝モンタルチーニをイタリアの名士にした（彼女は一九六一年にイタリアに帰っている）。晩年の彼女は、お抱え運転手がロータスで彼女をぐるりと案内している間、自動車の電話で仕事をした。レーヴィ＝モンタルチーニはアメリカ国家科学賞を受賞し、イタリアでは上院議員に任命された。「仕事を辞めるときは」と彼女は言った。「死ぬときよ」(2)。真珠の首飾りにハイヒール、そしてブローチを使い古された実験用白衣の下に身に着けて、彼女は一〇三歳まで生きた。

引用文献

（1）Sharon Bertsch McGrayne, *Nobel Prize Women in Science: Their Lives, Struggles, and Momentous Discoveries.* 2nd ed. Washington, DC: National Academies Press, 2001.

（2）Ibid.

ロザリンド・フランクリン

Rosalind Franklin

1920-1958

遺伝学者・イギリス人

ロザリンド・フランクリンの生涯と功績についての議論は、一つの回答不能な問いの周辺をぐるぐると巡りがちになる。三七歳で卵巣がんで命を落とさなかったら、ジェームズ・ワトソンとフランシス・クリックとともに一九六二年のノーベル賞を受賞していたのではないか？　答えはおそらくノーである。

この結論は胸が痛む。はっきりとした不正があったからだ。ワトソンは自身とクリックのＤＮＡの発見について詳述したベストセラー書籍『二重らせん』の中で、フランクリンを意地悪く茶化している。彼女は「ロージー」という生前の彼女が好きではなかった名前で呼ばれ、「多少なりともおしゃれに関心を持っていれば、かなり魅力的だったろう」(1)と書かれた。「ロージー」はぶっきらぼうで反抗的で、彼女と働くとだれもが惨めな気持ちになる。「ロージー」はＤＮＡの構造を突き止める探求において、脅威的なライバルにはなりえなかった。

『二重らせん』出版の一〇年前にフランクリンは亡くなっていたので、他の人々が彼女の代弁をすることになった。ノーベル賞を受賞した遺伝学者バーバラ・マクリントックは、「卑劣な、卑劣な本」(2)だったと振り返る。別の遺伝学者ロバート・Ｌ・シンシャイマーも、ワトソンのフランクリン描写を「信じがたいほど考え方が卑劣で、幼稚な不安で歪められた残酷な認知に満ちている」(3)と評した。フランクリンの友人で伝記作家のアン・セイヤーは、ワトソンは「ぞんざいにフランクリンから彼女の人格を奪った」と訴えた。

しかしワトソンのフランクリン描写問題をこじれさせたのは、思慮に欠ける情報開示である。「ロージーは自分のデータを直接われわれに与えてくれたわけではない」。この一文にあるのは、得意げな書に隠された驚くべき自白だ。人々がこの手がかりをぶらさがった糸のように引っ張ると、フランクリンの肖像がするすると明らかになった。ワトソンはフランクリンのことを一緒に仕事をするには不愉快な人物とみたのかもしれないが、彼の経験は決して普遍的とはいえない。彼女はライバルであり、DNAの探求においてワトソンとクリックのはるか先を走っていた。ワトソンとクリックは、ロンドンのキングス・カレッジのフランクリン研究所からフランクリンの知らないうちにケンブリッジの彼らの研究所に渡された二つの重要な情報がなかったら、断じて自分たちの発見をなすことはなかっただろう。

情報の一つは、フランクリンが調整して撮影したDNA構造の鮮明な写真である。二つ目は、直近のフランクリンの研究結果を要約した内部向けの報告書である。ワトソンとクリックは既にDNAの構造をある程度解明していたが、水含有量とリン酸‐糖の位置を間違えていた。フランクリンのデータがなかったら、彼らはパズルを完成させるのに必要不可欠なピースが得られなかっただろう。ワトソンとクリックが彼女の研究を利用しなければ、フランクリンは——らせん、塩基対、リン酸鎖の方向——について、最終的に彼らと同じ結論に達していただろうという人もいる。

「人生を通じて、ロザリンドは自分の目的を正確に把握していました」と母は思い返す。ひとたび心がなにかにつかまれたら、彼女はすっかり夢中になった。六歳で、フランクリンは伯母にこのように記された。「怖いくらい頭のいい子です…。彼女はずっと足し算で遊んでいて、決して答えを間違えません」(4)。フランクリンは正確で、言葉を文字通り受け止め、常に推測よりデータの扱いに長けていた。

フランクリンがケンブリッジ大学で勉強している間、父はフランクリンが科学についてまるで宗教のように感じているのではないかとこぼした。フランクリンは一歩も引かなかった。「お父様は私が非常に偏ったものの見方をしていて、すべてを科学の観点から見たり考えたりしているとたびたびおっしゃいます」と彼女は手紙の返事を書いた。「私の思考回路や論法は、確かに科学教育の影響下にあります。――そうでなければ私が受けた科学教育は無駄と失敗に過ぎなかったということになるでしょう……。科学と日常生活は切り離せないし、切り離すべきでもありません」(5)

父親が要求したからといって、どうすれば女である彼女が第二次世界大戦に貢献できただろう？科学なら、お手の物だった。一九四一年にケンブリッジ大学を卒業して研究職に就いたフランクリンは、その後英国石炭利用研究協会に職を得て、空襲の盛んな地域を毎日自転車で走り抜けて通勤した。そこでの彼女の仕事は、炭の種類によってガスや水を通しやすいものと、それらを効率的に遮断するものがある理由を解明することだった（炭はガスマスクに使われていたため、戦時期の重要な研究だった）。フランクリンは、二六歳までに材料の特性に関する五つの論文を発表した。「固体有機コロイド

——特に炭および関連物質に関して」(6)という論文で、フランクリンは博士号を取得した。さらに一九四〇年代のフランクリンの研究は、後のカーボンファイバーの開発を進める一助となった。

戦争が終わると、友人がパリでの物理化学者としての仕事にフランクリンを推薦し、再び炭に関する研究をすることになった。海外で過ごした三年間は、おそらく彼女が一番幸せだった時期である。友人を作り、完璧にフランス語を話し、自宅にいたころよりもくつろげる環境に身を置いていた。ロンドンのほうがキャリア形成を早めてくれるだろうと感じたフランクリンは、三〇歳で後ろ髪をひかれるようにイギリスに戻った。

フランクリンはロンドンのキングス・カレッジで働き始めた。そこで彼女は、もともと学際的なチームによって始められたDNA研究を引き継いだ。チームは一年の大半をその作業に費やしていた。目標は、DNAの分子構造を解明すること。そのため、フランクリンはDNAの繊維を並べて束ね、湿度75%と湿度95%で注意深く調製した標本をX線で撮影した。湿度95%で分子は長くなる。フランクリンはこれをB型DNAと名付けた。この状態のDNAの写真は、X状の線がちらついているように見え、焦点がぼけていた。これはDNAがらせん構造を持つことを示すものだったが、まだフランクリンはわかっていなかった。

キングス・カレッジでは、フランクリンに正式な研究パートナーはいなかった。一番の適任と思われるのはやはりキングス・カレッジに所属していたモーリス・ウィルキンスだったが、最初にフランクリンの役割を誤解していたことが、同僚を敵に変えていた。この二人の関係性はフランクリンにとって甚大な影響をもたらした。ウィルキンスはワトソンにフランクリンの愚痴を言った際、彼女の美しいB型DNA写真を持ち出し、彼女の承認なしにケンブリッジで研究しているこのアメリカ人に共有してしまったのである。

フランクリンが撮影したこの写真は、ワトソンにとって大きな啓示となった。ワトソンは乾いた状態のDNAと湿った状態のDNAが入り混じった、あいまいな画像をもとに研究していたからである。フランクリンの湿ったDNAの鮮明な画像は、ワトソンとクリックのDNAのとらえ方を変えた。

ワトソンとクリックの次の突破口もフランクリンのおかげでおとずれたが、またしてもそれは彼女のあずかり知らぬところで行われた。一九五二年、フランクリンは政府委員会に前年の研究を要約するよう求められた。マックス・ペルッツは、彼女の要約をワトソンとクリックに渡した（この政府報告書は機密文書ではなかったが、政府委員会の外部の目に触れることを意図したものではなかった）。報告書はケンブリッジの二人組に、乾いたDNAと湿ったDNAの形態についての重要な情報を与えるものだった。フランクリンの研究成果は、ワトソンとクリックの研究と合わせれば、DNAの構造をしっかり理解するのに十分だった。『ネイチャー』誌はワトソンとクリックの発見を掲載した――DNAは片方が登りで片方は下りのらせん状の階段である――彼らはこの研究結果に対する賞を要求し、フランクリンの寄与については明らかにしなかった。

フランクリンはケンブリッジの研究チームに出し抜かれたのと同時期に、キングス・カレッジを去ろうとしていた。環境が自分に合わないと感じていたし、多くの同僚も賛同した。ワトソンとクリックがノーベル賞の栄冠を手にした頃、フランクリンはバークベック・カレッジに移り、転職の際の取り決めにしたがってＤＮＡ研究から離れた。

バークベック・カレッジで、フランクリンはウイルス複製におけるリボ核酸の役割を調査する研究グループを立ち上げた。ウイルスの分子構造をＸ線で研究している科学者の中でも、彼女のグループは世界一流で、とりわけタンパク質と核酸が遺伝情報を伝達する機構を明らかにした点で優れていた。ポリオを研究するために、フランクリンは同僚の妻を説得し、魔法瓶に入れたポリオウイルスを米国からロンドンまで飛行機で運んでもらった。

ワトソンとの確執にも関わらず、フランクリンはクリックと彼の妻であるフランス人と親しくつきあうようになった。人生最後の年、フランクリンの業績はひととき衆目を集めた。一九五八年のブリュッセル万国博覧会で、彼女は数百種類の植物に感染する病原体であるタバコモザイクウイルスを模した六フィートの高さの巨大展示品を組み立てたのである。

ＤＮＡの発見においてフランクリンが重要な役割を果たしたとする言葉は、ワトソン自身がうっかり漏らすまで出てくることはなかった。それ以来、フランクリンはいくつもの伝記の題材となり、業績にふさわしい評判を得られないでいる人々のイメージキャラクターとなった。常にデータとファクトを重視していたフランクリンのことだから、これほど多くの人が自分がなした具体的な貢献に関心をもってくれていることを知ったら、さぞかし喜んだことだろう。

引用文献

（1）James Watson, *The Double Helix: A Personal Account of the Discovery of the Structure of DNA*. New York: Scribner, 1968.

（2）Sharon Bertsch McGrayne, *Nobel Prize Women in Science: Their Lives, Struggles, and Momentous Discoveries*. 2nd ed. Washington, DC: National Academies Press, 2001.

（3）Ibid.

（4）Brenda Maddox, *Rosalind Franklin: The Dark Lady of DNA*. New York: HarperCollins, 2002.（邦訳：ブレンダ・マドックス著、鹿田昌美訳・福岡伸一監訳『ダークレディと呼ばれて　二重らせん発見とロザリンド・フランクリンの真実』化学同人、二〇〇五年）

（5）Ibid.

（6）Ibid.

アン・マクラーレン

Anne McLaren

1927-2007

遺伝学者・イギリス人

アン・マクラーレンは、自身の過去について語りたがらなかった。過去がつらかったわけではない。実家が裕福で、恵まれた子供時代を楽しんでいたことがその理由である。彼女の科学への貢献はめざましいものだった。体外受精の先駆者であり、マウスの試験管ベビーを実現した最初の人物である。注目を集めるにしても、自分自身ではなく、仕事に注目してほしかったのだ。

マクラーレンの仕事の話は、マウスを通して語ったほうが効率がいい。一九五五年、彼女は大量のマウスを抱えていた。当時のマクラーレンは、ロンドン大学で特別研究員の地位にあった。三年前にオックスフォード大学で動物学の博士号を取得したばかりで、子宮の環境要因が胚の発生に与える影響を観察するためにマウスを繁殖させていたのである。彼女がすぐに発見した通り、子宮環境は多くの影響を及ぼしていた。

マクラーレンと彼女の研究パートナー（後の夫である）ドナルド・ミッキーは、大量の実験から興味深い結果を得た。一つは、腰椎数が6である通常のマウスの胚を、腰椎数が少ない遺伝子の系統のマウスに移植すると、腰椎骨数が6である通常のマウスの系統から5つの腰椎のマウスが生まれてくるということだった。別の系統の子宮の環境によって、移植された胚がその系統の特徴を帯びるようになるのである。

アン・マクラーレン
Anne McLaren

胚発生の研究をするには、マウスにたっぷり排卵してもらう必要があった。妊娠のような天然の生体システムを待つのは、時間がかかるものである（マウスの場合なら約二〇日間）。そこでマクラーレンは、他の課題に取り組んでいる間に、過剰排卵を促進する既存の手法（一回の排卵でマウスにより多くの卵子を放出させる科学的手段）をさらに強化する方法を編み出した。マウス間で胚を移植する迅速で効率的な手法が必要になると、マクラーレンはそれを開発した。マクラーレンにとってもマウスにとっても、非常に生産的な年となった。大学の研究スペースは、彼女の研究規模に対応できなくなった。より厳密に言えば、研究に必要な大量の飼育ケージの置き場が無くなった。

一九五五年、マクラーレンとミッキー、そして彼らのマウスたちは、ロンドンのカムデン・タウンにある王立ロンドン獣医科大学に移動した。彼らは、その大学の「犬ブロック」（犬・猫の病棟がある区域）と呼ばれる場所で仕事をした。マクラーレンの新しい研究室は、二五フィート四方の広さがあり、一角に小さな事務室があった。彼女の研究対象であるげっ歯類は、上層階を住処とした。

「ある世代から次世代に伝わることに関わるすべて」(1)に魅了されていたマクラーレンは、近親交配がマウスの形態にもたらす影響を調べ始め、その後、環境温度が胚発生にどのように影響するかを分析した。後者の実験は、慎重に温度制御された衛生局の屋上の部屋で行われた。妊娠マウスは、高温の部屋、平均温度の部屋、低温の部屋に置かれた。平均温度の部屋と高温の部屋にいたマウスたちは普通の大きさと体重の子を産んだが、マクラーレンは寒さがマウスの子に悪影響を及ぼすことに気づいた。低温の部屋で生まれた赤ちゃんは成長が遅かった。

マクラーレンは、共同研究者たちと過ごす時間を楽しんでいた。マウスも共同研究者だった。彼女は上階にいるマウスたちと何時間も過ごし、マウスの赤ちゃんを記録してタグ付けした。階下の研究室にいるときは、マウス用の回し車を上部に取り付けたタイプライターを用いた。彼女が研究報告を書いている間、マウスたちは上の回し車でジョギングするのだ。

毎朝、マクラーレンはコーヒーを手に王立ロンドン獣医科大学の休憩室に向かった。そこで彼女は同じ建物にいる他の研究者たちと落ち合い、各自の専門分野における最新動向についておしゃべりするのが常だった。一九五六年のある朝、マクラーレンとミッキー、そして鶏胚骨を使用した器官培養を研究している細胞生物学者のジョン・ビガーズは、『ネイチャー』誌に載った新しい論文について議論を始めた。その論文は、八匹のマウス胚を胚発生の初期段階である胚盤胞期まで培養したと報告するものだった。三人の科学者は話すにつれて、自分たち全員の専門知識と経歴をもってすれば、『ネイチャー』誌に掲載された着想から論理的に導き得る成果、つまり体外受精によるマウスの誕生までもう一歩踏み込めることがわかってきた。

三人はすぐにプロジェクトに飛び込んだ。ビガーズは掲載論文通りのプロセスを繰り返し、試験管の中のマウス胚を胚盤胞期まで培養してから、マクラーレンに渡した。マクラーレンは胚盤胞を代理母マウスに移植した。そして彼らは待った。ビガーズの休暇中に実験結果が出たので、マクラーレンは電報で知らせることにした。成功の知らせは研究パートナーを喜ばせたが、郵便局員をすっかりおびえさせてしまった。電報にはこう書いてあったのである。「四体の瓶詰め赤ちゃんが生まれました！」[2]

この研究チームの画期的な実験は、何十年にもわたり外に広がっていくことになった。マクラーレンは一九八二年から一九八四年の間、ヒト胚の体外受精に関する初の基本原則の草案を策定するワーノック委員会の一員になるよう依頼された。マクラーレンは具体的な経験を持つ唯一の参加者であり、「完璧な明快さ」[3]をもってなされた彼女の科学的なアドバイスと説明は、ワーノック報告の制作を速めた。マクラーレンがまとめに関わったガイドラインは、他の国が見習うべき基準とひな型になった。彼女は体外受精が可能であることを証明したばかりでなく、数年後、安全かつ倫理的に体外受精を世界に導入する責任も担ったのである。

マクラーレンの研究は、大英帝国勲章を与えられたときにさらに広く知られることになった。一九九三年、彼女は「デイム（Dame）」の称号を贈られた。

引用文献

（1）Azim Surani and Jim Smith, "Anne McLaren (1927–2007)." *Nature*, August 16, 2007.
（2）John D. Biggers, "Research in the Canine Block." *International Journal of Developmental Biology*, 2001.
（3）Brigid Hogan, "From Embryo to Ethics: A Career in Science and Social Responsibility: An Interview with Anne McLaren." *International Journal of Developmental Biology*, 2001.

リン・マーギュリス

Lynn Margulis

1938-2011

生物学者・アメリカ人

一九九〇年代初頭、生物学者リン・マーギュリスは、いずれ劣らぬ優秀な科学者たちが数多く出席する晩餐会の場にいた。マーギュリスは、真核生物細胞の起源に関する評判のよろしくない理論で、早くから名前が知られていた。この晩餐会は、著名な生物学者が彼女の論文に対して厳しい批判を発表した直後に開催されたものだった。批判した生物学者もたまたまその場にいた。マーギュリスはディナーの席で批判者に直接話しかけ、論点ごとにこき下ろし、熱意あふれる弁護で批判に反論した。たちまち彼女はその生物学者を追い詰めた。マーギュリスの研究を賞賛する理論物理学者のリー・スモーリンは、後に彼女の反論を、ローマの晩餐会でガリレオがした地動説の擁護になぞらえた。「彼女は自身の構想にガリレオ同様の信頼を置いていたのでしょう。同時に、新しい考えを素直に受け入れ広い視野で考える代わりに、誤解することを選ぶような人々を相手にすることにいら立っていたのだろうと思います」(1)

マーギュリスは良識で本質を見抜く能力に誇りを持っていた。子供の頃でさえ、彼女は教師の指示とその正当性(「私がダメだと言ったらダメだ!」)について懐疑的な目で見ていた。退屈な学業がふりかかってくると、参加よりも罰を選ぶことのほうが多かった。彼女を懐疑的な子供から聡明な科学者に導いたのは、実験方法について学んだこと、そして世界を観察するために野外に送り出されたことだった。

マーギュリスは二〇〇四年のラトガース大学でのインタビューで、「科学はエビデンスから世界を直接解明する方法でした。それは私の人生で決して見たことがなかったものでした」(2)と振り返った。マーギュリスは自分のための情報を選別するのに教科書も教師も必要ないことに気がついた。彼女は世界そのものから答えを見つけることができた。そして彼女は実際にそうした。マーギュリスはアリの行動を学ぶために草の葉越しにアリの行進を観察した。「自然の一員になるのがしっくりくる気がしただけです。いつだって」(3)。シカゴ大学実験学校附属高校では、マーギュリスは教科書の要約ではなく、アイザック・ニュートンとグレゴール・メンデルの書物を読むことを推奨された。彼女は後に「授業は出席を強制されなかったから、全部出席することにしたんです」(4)と振り返る。

マーギュリスは一八歳でシカゴ大学から学士号を、その数年後にカリフォルニア大学バークレー校から遺伝学の博士号を取得した。一九六六年にはボストン大学に生物学講師として就職した。この大学で、彼女のきわめて大胆なアイデアが形になった。マーギュリスは長い間、細胞核を有する細胞の一種である真核細胞の中のミトコンドリアに魅せられていた。彼女は、細胞の発電所として機能するこのソーセージの形をした細胞小器官が、まるごとバクテリアのように見えると考えた。マーギュリスは類似点に気づいた最初の人間ではなかった。以前から両者が似ていることを記した人は他にも何人かいて、一笑に付されていた。彼らの失敗に引きずられないように、マーギュリスはより説得力のある理論を作り上げようと決心した。

マーギュリスは、はるか昔に一つのバクテリアがもう一つの独立したバクテリアを格納しなければならないことになったのだろうと仮定した。しかしマーギュリスは、一方を消滅させる代わりに、美しい何かが起きたのだと考えた。二体のバクテリアは協定を結んだのだ。一つになることで、彼らはスピードと食欲といった利点を獲得した。このパートナーシップの末裔が、植物細胞の葉緑体と動物細胞のミトコンドリアとなった。バクテリア細胞の協同作用は、動物が酸素を吸入し始め、植物が光をエネルギーに変換できるようになった原因である。

マーギュリスはたった二年前に博士号を取得したばかりで、まだまだひよっこ研究者だったが、論文を出版社に送り付けた。彼女の関心は、当時受容されていた進化論とは根本的に異なっていた。進化論は、進化の一番の推進力として共生ではなく、競争に焦点を当てるものだった。大方の人々が研究材料として動物の化石に頼る一方で、マーギュリスは最も古い細胞と微生物を振り返ることで、地上の生命についてより正確で歴史的な説明をすることを重視した。

一五の学術出版物が彼女の論文をリジェクトした。一九六七年にようやく『理論生物学ジャーナル』が彼女の論文を受け入れた。論文が発表されてからもなお、マーギュリスの考えは科学界で著しく評判が悪く、時折敵意を向けられるほどだった。しかしマーギュリスは引き下がるのではなく、すべてを賭けて論文を『真核細胞の起源』と題した書籍にまとめた。同書が一九七〇年にイェール大学出版から刊行されたときのことを振り返って、アメリカ人哲学者ダニエル・C・デネットは「彼女はバカにされ、嘲笑された」(5)と語った(『第三の文化：科学革命を超えて』)。出版の八年後(元の論文が発表されてから一〇年後)、マーギュリスの急進的な考えを具体的に裏付ける新しい研究が発表された。かつての教え子は、マーギュリスが教室にさっそうと現れたときのことを思い返す。彼女は紙を手に、正当性を優しく立証するような満面の笑みをたたえていた。「この考えが、現代では主要な理論的発展としてかなり好意的に受け入れられていることは、実に面白いことです」(6)とデネットは言う。「私は彼女のことを二〇世紀生物学の英雄の一人だと考えています」

マーギュリスは進化論に関する本を新たに書いた。現代ではその本は「二〇世紀生物学の古典の一つ」(7)(チリの生物学者フランシスコ・バレーラ)とされている。

それでも、マーギュリスの考えがすべて受け入れられたわけではない。マーギュリスはキャリアの後半で、イギリスの科学者ジェームズ・ラブロックと長期間にわたる学術的なパートナーシップを結んだ。地球を自己制御する一つの生命体とみなす、彼のいわゆるガイア仮説は、今なお広く批判を受けている。『ディスカバー』誌に自身の業績について聞かれたマーギュリスは、こう説明した。「私は自分の考えを異論を呼ぶようなものだとはとらえていません。私はそれらを正しいと考えています」(8)

引用文献

(1) Lynn Margulis, "Chapter 7: Lynn Margulis." In John Brockman [ed.], *The Third Culture: Beyond the Scientific Revolution*. New York: Simon & Schuster, 1995.

(2) Rutgers Research Channel, "Lynn Margulis 2004 Rutgers Interview." https://www.youtube.com/watch?v=b8xqu_TlQPU>, accessed January 2013.

(3) Ibid.

(4) Ibid.

(5) Lynn Margulis, "Chapter 7: Lynn Margulis." In John Brockman [ed.], *The Third Culture: Beyond the Scientific Revolution*. New York: Simon & Schuster, 1995.

(6) Ibid.

(7) Ibid.

(8) Dick Teresi, "Discover Interview: Lynn Margulis Says She's Not Controversial, She's Right." *Discover*, June 17, 2011.

物理学
PHYSICS

エミリー・デュ・シャトレ

Émilie du Châtelet

1706-1749

物理学者・フランス人

長年にわたり、アイザック・ニュートン卿の名著『自然哲学の数学的諸原理』（略称『プリンキピア』）の完全なフランス語訳は、一七四九年にエミリー・デュ・シャトレが翻訳したものが唯一だった（彼女をからかって「エミリア・ニュートニア」と呼ぶものもいた）。彼女は『プリンキピア』の翻訳と二八七ページの注釈付け、数学的解説の作業に四年間を費やした。彼女は何年も研究を続けたが、締め切りまでの最後の数カ月は特にあわただしく、一日一七時間の作業で朝五時まで仕事をすることもあった。睡魔に襲われると、彼女は手足を氷水に浸し、再び集中するために腕をぴしゃりと叩いた。執筆スピードがあまりに早かったので、単語と単語の間で羽ペンを持ち上げるのももどかしく、デュ・シャトレの指はしばしばインクまみれになった。『プリンキピア』の翻訳の締切は、デュ・シャトレの四番目の子供の誕生前だった。彼女は原稿を終えたあと、一週間もしないうちに娘を産み、その一〇日後に息を引き取った。

ヨーロッパでトップクラスの知性を持ち、「奇才」(1)であり、「ホレースとニュートンにふさわしい天才」(2)と称されたデュ・シャトレが四二歳で亡くなったことは、科学界にとって大きな損失だった。しかしその比較的短い生涯で、彼女はニュートン物理学を同時代人が理解することに大いに貢献し、多くの学者がニュートンの難解な有名学術書を通読する手助けをした。

生い立ちの詳細が明文化されていないため、デュ・シャトレがどのようにしてその研究に必要な学問的な基礎を身に付けたのかははっきりとはわかっていない。歴史家たちは次のようなおおまかな生い立ちのみを把握している。父はルイ一四世の宮廷の高官で、一八歳で名家の軍人である年上のデュ・シャトレ侯爵との縁談がまとまる。子供たちが生まれ、複数の邸宅を保持した。それから二六歳でデュ・シャトレは著名な数学者で思想家でもある人物から、数学（高等幾何学と代数）のプライベートレッスンを受け始める。のちにもう一人の数学の先生として、若き天才数学者も加わる。フランスの学者の大半はルネ・デカルト派だったが、デュ・シャトレの先生は二人ともニュートン派だった。

デュ・シャトレにとって、数学とニュートン物理学を学ぶことは初めて度の入った眼鏡をかけるようなものだった。それまでぼやけて見えていた木々の葉が突然、一枚一枚くっきりと見えるように、世界の解像度が上がったのだ。デュ・シャトレは新しい知識を慣例にとらわれず適用することに興奮した。彼女は枝をゆらすために必要な風の強さを算出した。方程式は彼女に鳥の飛行パターンを割り出す能力を与えた。数学と物理学に加え、哲学、文学、その他の科学のテキストを貪欲に吸収した。彼女は二年で先生の一人を追い越し、パリから東へ約一五〇マイル離れたシレーの自邸を知識人が訪れて研究できる快適な場にすると宣言した。多くの人が彼女の申し出に応じた。自身がフランス語に翻訳したある英語の詩について議論するなかで、「仕事と研究が意図せず天才の才能を明らかにすることはままあるもの」(3)と指摘したとおり、彼女は大胆に一歩を踏み出した。

デュ・シャトレの知識人として初めての公的活動は、一七三七年にフランスの王立科学アカデミーの懸賞論文に応募したことだ。テーマは「火の本性と伝播」である。デュ・シャトレは締切ギリギリの二週間前に論文を提出することを決めた。彼女の応募は匿名でなされた。名前がなければ、審査員が差別することはできない。彼女は受賞を逃したが、論文はのちに「身分の高い若い女性による」(4)という属性を付されて雑誌に掲載された。この時代、デュ・シャトレのような女性はほかにおらず、この手がかりだけで同時代人には誰が書いたのか一目瞭然だった。

自信と勢いを得たデュ・シャトレは、一七四〇年に最初の著書『物理学教程』を出版した。彼女は息子に物理学を教えたかったが、物理原則を簡潔に説明した入手可能なテキストがまったくなかったのだ。『物理学教程』は、ニュートン、デカルト、ゴットフリート・ヴィルヘルム・ライプニッツの考えを明確かつ正確に示した。同書は網羅的なまとめの書だったが、彼女をこき下ろす絶好の機会ととらえる人々もいた。

出版直後、王立科学アカデミーの書記が、デュ・シャトレの論文の主張に疑問を抱く書簡を公表した。書簡では、女性は気まぐれであり、なかでもデュ・シャトレは特別弱い心を持っていると難じられた。彼の主張は、デュ・シャトレは彼の科学的な著作と彼女が愛するニュートン物理学の両方を理解しておらず、数学の基本的な理解も不完全だというものだった。書簡は厚かましく横柄だった。科学的な議論とは別に、この書簡は彼女を話し合いから完全に叩き出そうとしていた。

デュ・シャトレはきわめてプライドが高かったため、根拠のない批判を反駁せずに放置することはできなかった。彼女の反応は迅速だった。書記の書簡を外科手術のような精度で解体し、批判に一点ずつ対処し、同じような気取った言い回しで彼を見下し、全編にわたり主題に自分が精通していることを念入りに表現してみせた。デュ・シャトレはこの詳細な返信を五〇〇人のアカデミー会員に向けて送った。書記は選出されたばかりだったが、彼女の書簡によって早期退職に追い込まれた。

デュ・シャトレの最大の業績であるニュートンの翻訳と注釈付けは、彼女の最後の仕事となった。このテキストは、彼女が何年もかけて取り組んでいた研究の自然進化だった。残念なことに、デュ・シャトレの物理学への重要な貢献は影に押し込められることが多い。書籍や記事で彼女の名前が登場するのは、たいてい好色な余談の中だ。デュ・シャトレはおもにヴォルテールの愛人兼ミューズとして言及されている。

ヴォルテールとデュ・シャトレは、離れていた時期も含めて約一五年間シレーの自邸で一緒に暮らした。ヴォルテールの心が移ろったあとでさえ、それは続いた(デュ・シャトレの夫は快くそのおぜん立てをしてあげただけでなく、妻と愛人両方の研究のサポートまでした)。デュ・シャトレの最初の重要な科学的貢献は、ヴォルテールの著作の中に隠されている。ヴォルテールの著書『ニュートン哲学要綱』における抽象的な数学と科学に関する項は、デュ・シャトレの寄与に負うところが大きい。亡くなるまでの間に、彼女はヴォルテールよりもはるかに優れたニュートン研究者になっていたが、どの歴史においても彼女の科学的業績より二人の関係性のほうに光が当てられ続けている。

デュ・シャトレは『プリンキピア』の説明が足りない箇所を膨らませ、新たな方程式でニュートン

物理学

の主張を裏付けて翻訳を完成させ、自分の思想的な遺産を確実なものとした。まるでそれが最後の仕事になるとわかっていたかのように。

引用文献

（1）Judith P. Zinsser, *Émilie du Châtelet: Daring Genius of the Enlightenment*. New York: Penguin Books, 2007.

（2）Ibid.

（3）Émilie du Châtelet, "Translator's Preface for *The Fable of the Bees*." In Judith P. Zinsser (ed.) *Émilie du Châtelet: Selected Philosophical and Scientific Writings*. Chicago: University of Chicago Press, 2009.

（4）Judith P. Zinsser, *Émilie du Châtelet: Daring Genius of the Enlightenment*. New York: Penguin Books, 2007.

リーゼ・マイトナー

Lise Meitner

1878-1968

物理学者・オーストリア人

リーゼ・マイトナーはノーベル賞を受賞してしかるべきだった。彼女は非常に才能のある原子物理学者であり、体系的な研究と深く批評的な思考を両立できる人物だった。マイトナーの名前が研究パートナーとともに核分裂の発見者として登場しない理由とは？　政治的、状況的な理由に加え、単なる不運も重なった。

二〇世紀初頭のドイツは、偉大なる科学的精神の発信地だった。マイトナーもそこに加わった。マイトナーはキャリアの多くをベルリンで過ごし、ノーベル賞受賞者であるマックス・プランク、アルバート・アインシュタイン、ニールス・ボーア、ジェイムス・フランクといった物理学のオールスターと友人になったのである。マイトナーは毎週、分野を同じくする約四〇人の専門家が集う研究会に参加し、新しい研究を発表、議論した。有力者たちが頼もしく並ぶ最前列は、マイトナーにふさわしい場所となった。アインシュタインはマイトナーを「われらのマダム・キュリー」(1)と呼んでいる。

しかし当時、マイトナーはユダヤ人だったために、ヒトラーの政策のせいで多くのユダヤ人同様、ドイツに住んで働くことが難しくなっていた。マイトナーはベルリンにおける自分の研究計画や科学コミュニティを捨てたくなかったので、亡命を数年間延期した。しかし一九三八年夏、ユダヤ人に対するただならぬ制限がますます激化し、ユダヤ人科学者がドイツの代表者として会議に登壇するために(2)出国することも禁じられるようになった。マイトナーは、オランダの友人の助けを借りてパスポートなしでも入国できるように手配してもらい、オランダに脱出した。マイトナーが三〇年間住んでいたドイツを離れるときに手にしていたのは、さっと荷物を詰め込んだたった二つのスーツケースだけだった。マイトナーは、一九三四年に開始した人生最大の研究課題も残していった。それはのちに核分裂の発見につながり、最終的にノーベル賞をもたらしたものだ。

マイトナーは以前にも逆境に直面していた。彼女の故郷のウィーンでは、一四歳以降の女子が学校に通うことが許されていなかった。しかしマイトナーは、このような障壁によって学問を妨げられることをよしとしなかった。自分は物理学者になりたいのだと一〇代で気づいたとき、そんな望みを抱くなんて頭がおかしくなったんじゃないかと受け止められたが、それはただマイトナーが女性であるという理由だけではなかった。物理学は終わった分野だとみられていたのである。当時、ドイツの国立基準局の局長は、「測定をより正確にすること以外に物理学でなされるべきことはなにもない」(3)と断言した。物理学の職はまったくなかった。物理学の道に進もうとするということは、情熱のみに駆り立てられているということを意味した。物理学のない人生は考えられない。マイトナーは屈しなかった。

マイトナーは一九〇七年にベルリンに到着したのちに、オットー・ハーンと長年にわたる研究協力関係を結んだ。マイトナーはウィーンで物理学の博士号を取得したところだった(オーストリアの大学はようやく女性を受け入れ始めていたのである)。マイトナーはマリー・キュリーの放射能分野における仕事に興味を持っていた。しかしキュリーはマイトナーを採用しなかった。マックス・プランクは、女性の高等教育に関して懐疑的ではあったものの、すでに博士号を持っていているマイトナーが物理学の理解を深めるために研究し、講義に出席することについては賛同していた(マイトナーはプランクを崇拝するようになり、プランクも同様にマイトナーの強力な支持者の一人となった)。マイトナーは聴講するだけではなく、物理学の共同研究者を求め、化学者であるハーンとペアを組んだ。

最終的に分離政策を強行したのはヒトラーだが、当初、二人の協力関係は女性を認めない研究機関の規則によって分断されていた。マイトナーはハーンと同じ化学研究所で放射線実験を行うことを許可されたが、入ることを許されたのは入り口が別になっている木工所を改装したじめじめした地下室のみだった。トイレを使うときは、通りを隔てたホテルまで歩いていかなければならなかった。

マイトナーは放射線化学についての最新情報を必要としていた。そうした活動のほとんどは階上で行われており、情報取得は困難だったが、マイトナーはうまくのりきった。マイトナーとハーンは、共同研究を始めた最初の一年で放射線化学に関する三つの論文を発表する。一九〇八年にプロイセンが女性の大学入学を許可する決断を下し、マイトナーはようやく本館を利用することができるようになった。

もともと内気だったマイトナーだが、仕事の能力とともに彼女の自信も育っていった。一九一二年、プランクはマイトナーを助手に任命し、ハーンとマイトナーは新設されたばかりのカイザー・ヴィルヘルム化学研究所に移った。一九一七年までには、マイトナーは同研究所で放射物理学部門を率いていた。

第一次世界大戦中、マイトナーはオーストリア軍の野戦病院でX線看護師として、ハーンは毒ガスの研究者として、それぞれ戦争遂行に協力した。二人はアクチニウムのもととなるウラン鉱石から発見された元素を探求することで、軍役による研究の中断を埋め合わせた。二人は新しく発見された放射性元素がゆっくり崩壊してアクチニウムになるのを知った。ハーンが化学的な手順を助言し、マイトナーが実験を行うことで、二人は一九一七年に一つの希土類元素《レア・アース》をとらえ、プロトアクチニウムと名付けた。

この発見と第一次世界大戦の終結後、ハーンとマイトナーの友人関係は続いたが、研究パートナーとしては袂を分かつことになった。一八九六年に放射能が、一九一七年に原子核分裂が発見されると、物理学分野が急速に進展した。突然、マイトナーは黄金時代を生きるようになり、ハーンの専門である化学は同じ輝きを保てなかった。

何年も離れたあと、一九三四年にマイトナーはハーンに再びチームを組もうと説得した。エンリコ・フェルミやアーネスト・ラザフォード、イレーヌ・ジョリオ＝キュリーとの競争に加わり、新たな重い元素を見つけ出すためだ。ハーンは合意し、二人は天然に存在する中で最も重いウラン原子に高速中性子を当てる作業を始めた。二人はわざと衝突させることで、ウランより重い新しい人工元素、いわゆる超ウラン元素を生み出せると信じていた。しかし二人がやっていたことは、実際にはそれよりはるかに大きいものだった。核分裂だ。誰も――キュリーも、フェルミも、ハーンも、マイトナーも――核分裂を知らなかった。マイトナーとハーンは何度か核分裂の発見に近づいていたが、彼らは完全に他のものを追いかけているつもりだったので、ほんの少しのところで核分裂の発見を逃した。

ヒトラーの民族浄化はすべてを混乱に陥れていた。マイトナーは亡命を余儀なくされ、研究チームはマイトナーの物理的不在の中で活動することを迫られた。マイトナーとハーンは一日おきに書簡を交換したが、彼らの協力関係は秘密にしなければならなかった。スウェーデンに入国したマイトナーは、組織の官僚主義によって窮地に陥った。科学的な設備も研究に対する支援もなく、自分の居場所と大好きな仕事との距離がもどかしく感じられた。

その間、ハーンは粒子を衝突させる実験を繰り返していた。彼は一九三八年に興味深い結果に出くわしたとき、助けを求めてマイトナーに手紙を書いた。「おそらくあなたならすばらしい説明ができるでしょう」(4)。ハーンは衝突が作り出すのは大きく重い元素ではなく、ウランの約半分の大きさの小さな元素であることに気づいていた。

物理学者の甥と一緒にクロスカントリースキー旅行にでかけていたマイトナーは、実験結果についてじっくり考えた。マイトナーと甥は話し合う中で、別の角度からこの問題を捉え始めた。もしウランの原子核が果実の種のような形状が安定した硬い物質ではなかったらどうだろうか？　もっと不安定な、空中でくるくる回されているピザ生地のようなものだとしたら？　その中心部が薄くなりすぎれば、異なる大きさの二切れに分裂するだろう。それがバリウムとクリプトン、ルビジウムとセシウムなのではないか。これらの原子のペアにおける陽子の数を合計すると、ウランの92と同じ数になる。ついに彼女は理解した。彼らは超ウラン元素を作っていたのではなかった。核分裂を生み出していたのである。

この解説はすばやく広まったが、伝言ゲームさながらに、メッセージの一部が抜け落ちた。良い知らせが広まるにつれ、この実験を始め、結果を解釈したマイトナーの名が消された。ハーンが発見の全責任は自分にあると主張したことで、ますますマイトナーの貢献はなかったことにされた。また一部の科学者は、ノーベル物理学賞に対する強い影響力を持っているスウェーデンの実験物理学者が、マイトナーの名が公式に承認される機会を妨げているのかもしれないと考えた。ハーンはマイトナー抜きで一九四四年のノーベル賞を受賞した。

戦後、マイトナーは、マインツに移ったマックス・プランク化学研究所の主任として、古巣であるドイツに戻ってこないかと誘われた。ヒトラー統治下で起きた残虐行為による影響は依然として深刻だったため、マイトナーは辞退した。マイトナーはかつての同僚たちの多くが、自分たちが黙って関与したことがどういうことなのかを完全に理解していないと感じていた。彼女は戻れなかった。

戦争と社会状況がマイトナーから時間を奪ったが、彼女は一〇代の頃に抱いていた夢のままに生きていた。「人生は気楽でなくてもいいのです。空虚なものでさえなかったら」(5)。マイトナーの死から三〇年後、彼女の名にちなんで、人工的に作られた重い新元素がマイトネリウムと命名された。マイトネリウムは、ビスマスと鉄から合成された。

引用文献

(1) Sharon Bertsch McGrayne, *Nobel Prize Women in Science: Their Lives, Struggles, and Momentous Discoveries.* 2nd ed. Washington, DC: National Academies Press, 2001.
(2) Ibid.
(3) Ibid.
(4) Ibid.
(5) Lise Meitner, "Looking Back." *Bulletin of the Atomic Scientists,* November 1964.

イレーヌ・ジョリオ＝キュリー

Irène Joliot-Curie

1897-1956

化学者・フランス人

イレーヌ・ジョリオ＝キュリーは六歳の時、両親であるマリーとピエール・キュリーがノーベル物理学賞を受賞した。一四歳のときは、母が二度目のノーベル賞を化学部門で受賞した。キュリー家のノーベル賞受賞者リストは、イレーヌ自身が三七歳で更新することになる。夫のフレデリック・ジョリオとともにノーベル化学賞を受賞したのだ。「うちは一家で名誉に慣れているんです」[1]。イレーヌは事もなげに述べた。

ここで「慣れている」という含みのある言葉が使われたことからもわかるように、イレーヌは幼少期から有名であることに少しばかり苛立ちの感情を抱いていた。両親がノーベル賞を受賞したときは全世界に追いかけられたが、一家が再び脚光を浴びたのは、傘の扱いにもたついたピエールの頭蓋骨が馬車の下で砕かれたときだった。数年後、マリー・キュリーが既婚の同僚と親しくなったときも、不倫関係の詳細が不明であることは問題にならなかった。マリー・キュリーは夫泥棒と呼ばれ、科学界における地位が危機にさらされた。イレーヌは母親が二度目のノーベル賞を受けたあと、倒れて本格的に体調を崩したところを目のあたりにした。マリー・キュリーは一年間キャリアの第一線から退き、彼女が愛する子供たちはただ一人の親から引き離された。世間の目におびえた母は、イレーヌに母への手紙は偽名宛てで出すように指示した。

イレーヌは母を理想化するとともに、母をとことん守ろうとしていた。母の科学に対する愛を共有しながらも、父ゆずりの気質でそれを実践した。母がもろく神経質になるだろう場面でも、イレーヌは物静かで自信に満ちていた。一度、母による数学レッスンの最中にイレーヌがうとうとして、母が彼女のノートを窓から放り投げたことがあった。イレーヌは落ち着き払って中庭に下りてノートを拾い、席に戻って数学の質問に答える準備をした。子供の頃に母と離れて暮らしていたときは、イレーヌはひんぱんに家に手紙を書いて、「すてき」だと思う方程式は逆関数で、「一番いやな」方程式はテイラーの公式だとかいったようなことを伝えた。成長すると、イレーヌは母に食事を作り、移動の手配をし、必要なことならなんでも援助した。

第一次世界大戦中、イレーヌは一〇代で、母が始めたプロジェクトを遂行するべく、野戦病院にX線技術を導入する危険な任務に従事した。X線がなければ、ズタズタにされた肉の中の破片を見つけるために、医師は傷口に手を突っ込んで探し回らなければならなかったのである。X線と三次元幾何学に関する多少の知識があれば、医師は金属を取り出すためにどのくらいの角度で傷口に入ればいいかを正確に診断することができた。イレーヌの仕事はX線技術を提供するだけでなく、病院のスタッフに使い方を教えることだった。イレーヌの年齢、性別、そして冷静さは、教える相手にとっては必ずしも好感の持てるものではなかった。ある場所では面倒なので装置の荷解きはしなくてもいいと言われ、また別の場所ではお前が去ったらすぐに機械を破壊するぞと他の医療従事者たちに脅された、孤独で、一〇代で、前線からたった数マイルのところにいたものの、イレーヌが直面していた最大の危険は、実のところ彼女が普及に力を添えた大切な道具にあった。綿の手袋と木製の衝立の防護のみで、イレーヌは繰り返し放射線に被曝していたのである。

第一次世界大戦が終結すると、イレーヌは母が指揮するパリのラジウム研究所で母の助手として働き始めた。放射性物質の輝きは、彼女をクラクラさせた。ただ人気があるからという理由で研究対象に選ぶような人は決していない放射性物質を、イレーヌは好奇心の赴くままに研究した。

イレーヌが物理学と数学に精通していることが、ときに同僚たちを威圧することもあった。彼女は社交辞令には関心がなかった。彼女の話し方や文体をぶっきらぼうだと感じる人もいたが、妹をはじめとする他の人々は単純明快で率直なだけと受け止めた。研究所ではイレーヌは母のお気に入りだったから、「王女」というニックネームをつけられた。

イレーヌが一九二五年に博士論文を発表したときは、『ニューヨーク・タイムズ』紙までもがこれを報じた。「一〇〇〇人近くの人間が会議室に詰め込まれている間に、当世最高の天才の二人の娘のうちの一人がつつましくも見事な研究を修めた」(2)。イレーヌはゆったりとした黒いドレスに身を包み、一八九八年に両親が発見した元素ポロニウムが放射するアルファ粒子の分析について説明した。家族に対する義務について質問したある記者に、イレーヌはこう答えている。「私の人生で最優先すべき関心ごとは科学だと思っています」(3)

フレド・ジョリオは一九二五年にマリー・キュリーの助手としてラジウム研究所で働き始めた。彼とイレーヌは全く似ていなかった。ジョリオは魅力的で話し好きで、人付き合いでも察しが早かった。

イレーヌは注目を避けたが、ジョリオは注目を求めていた。しかし二人はアウトドアとスポーツへの愛、そしてお互いの研究を高く評価している点で通じ合った。ジョリオはまた、キュリー夫妻を崇拝していた。ジョリオは若い頃、雑誌からキュリー夫妻の写真を切り抜き、壁に飾っていたのである。彼はこう説明している。「私にはわかりました。他の人たちが氷の塊かなにかのように思っていたこの女性が、繊細で詩的で、類まれな人物であることを。彼女はいろいろな点で、良識的で謙虚だった彼女の父の生き写しであるという印象を与えました」(4)。ジョリオが研究所で働き始めてから一年後に、二人は結婚した。

フレドとイレーヌはともに三回、ノーベル賞を獲りそこねている。

一九三〇年代初頭、ジョリオ＝キュリー夫妻（以降、こう呼ばれるようになる）はパラフィンから陽子が放出するのを観測した。これは二人には既知の事実だった。ドイツの物理学者ヴァルター・ボーテが、放射性ポロニウムを脆い金属であるベリリウムの隣に置くことで、ベリリウムが強力な線を放出し始める方法を示していたのである。しかしこの「線」は何なのか？　ジョリオ＝キュリー夫妻はガンマ線だと推測した。

二人はデータを読み誤っていた。他の科学者たちがジョリオ＝キュリー夫妻の実験を試した際、これらの線の前にパラフィンを置くと、電荷を持たない小さい粒子が現れた。中性子である（中性子の発見により、ジェームズ・チャドウィックは一九三五年のノーベル物理学賞を受賞した）。

ジョリオ＝キュリー夫妻はウィルソン霧箱を使った中性子の研究に切り替えた。ジェット機の飛行機雲を観察してその通り道を追跡するように、研究者らは霧箱を使うことで軌跡を観察して素粒子の研究をすることができるようになった。霧箱における中性子の活動は、負の電荷を持つ電子、または陽電子と呼ばれる正の電荷を持つ電子のいずれかによって説明することができるはずだった。二人はそれは陽電子ではないと推測し、またもや間違いを犯した。

ジョリオ＝キュリー夫妻はポロニウムをアルミホイルの隣に置き、中性子と陽子が飛び出してきたときに、ようやく正解にたどりついた。二人は中性子と陽子ではなく水素原子核を見ることを期待していたから、この動きは興味深かった。一九三四年に実験をやり直したところ、同じ結果が得られた。電離放射線を測定するガイガーカウンターが、最終的にジョリオ＝キュリー夫妻がなしたことを明らかにした。ガイガーカウンターがカチっと音をたて、二人はアルミホイルが放射能を帯びたことを悟った。二人は史上初めて、人工的に生み出された放射性元素を発見したのである。マリー・キュリーが死ぬわずか数カ月前、ジョリオは二人が発見した人工放射性物質が入った試験管をプレゼントした。

一九三五年、ジョリオ＝キュリー夫妻の人工放射能が、彼らにノーベル化学賞をもたらした。ノーベル賞受賞後、ジョリオはコレージュ・ド・フランスに就職し、イレーヌはラジウム研究所の主任にとどまり続けた。彼女は指名を受けて、フランス最初の女性閣僚の一人にもなった。フランス人女性に参政権はまだ付与されていなかったにも関わらず。

年が経つにつれて、健康と政治の問題が迫ってきた。第二次世界大戦のさなか、イレーヌと彼女の二人の子供はフランスからひっそり出国した。一九四四年六月六日にジュラ山脈を徒歩で越えてスイスに入国したのは幸運だった。その日はノルマンディー上陸作戦の決行日で、スイスとフランスの国境を警備するドイツ軍が他の仕事で忙しかったからである。イレーヌは大きな物理学の本を忘れずにバックパックに詰めて持っていった。

一九五六年、イレーヌは一〇代の頃のX線被曝が原因とみられる白血病と診断された。同時に、彼女の夫も長期間にわたる放射線被曝から発症した重度の肝炎と闘っていた。イレーヌは年内に死亡し、ジョリオも二年後に後を追った。イレーヌは白血病の診断にひどく驚いたり、打ちのめされたりする様子はなかった。母も同じ病気で亡くなっていたからだ。「死は怖くないわ」[5]と彼女は友人に手紙で伝えた。「私はとてもスリルに富んだ人生を送ってきたのですから！」

引用文献

（1）Interview with Lew Kowarski by Charles Weiner, Niels Bohr Library & Archives, American Institute of Physics, College Park, MD, www.aip.org/history/ohilist/4717_1.html.
（2）"Mlle. Curie Reads Thesis." *New York Times*, March 31, 1925.
（3）Sharon Bertsch McGrayne, *Nobel Prize Women in Science: Their Lives, Struggles, and Momentous Discoveries*. 2nd ed. Washington, DC: National Academies Press, 2001.
（4）Ibid.
（5）Ibid.

マリア・ゲッパート＝メイヤー

Maria Goeppert Mayer

1906-1972

物理学者・ドイツ人

マリア・メイヤーは代々続いた大学教授の家系の七代目として生まれた。彼女は二三歳でドイツを離れた。米国のほうが、大学で研究職にありつける機会に恵まれていると考えたのである。ところが一九三〇年に米メリーランド州ボルチモアにたどり着いたとき、メイヤーは職を求めた先から冷たい応対を受けたことに驚いた。

メイヤーはドイツのゲッティンゲン大学在学中、マックス・ボルンが「世界中の若き才能たちの中でもおそらく最も優秀な集団」(1)と呼んだグループの中で研鑽を積んだ。その仲間の中には、エンリコ・フェルミとユージン・ウィグナーもいた。中には仲間に敬遠される者もいたが、メイヤーは違った。ボルンが主導する量子力学セミナーでは、「原爆の父」として知られるロバート・オッペンハイマーがあまりに多くの質問と論評を差し挟むので、メイヤーはオッペンハイマーに口を閉ざして欲しい人は署名するように依頼する請願書を同期の間で回した。

メイヤーの論文は、有名な理論物理学者のゲストルームで完成した。寝室の一つにはアルバート・アインシュタイン（もちろんホストの招待によるものである）が署名した壁があった。たくさんの物理学者の友人や支援者たちに囲まれて、メイヤーは米国に移住して職を得ることもさほど困難ではないだろうと思い込んだ。

しかしメイヤーが米国を訪れたタイミングは理想的とはいえなかった。大恐慌のさなかで、職が不足していたのである。ジョンズ・ホプキンズ大学はメイヤーの夫を助教授として採用したが、親類雇用を禁じる規則のために、メイヤーには無給の仕事しか許さなかった。空っぽの事務室を拒絶し、メイヤーは大学の屋根裏に自分自身のための研究スペースを開設した。

メイヤーは毎日大学の小さな一室に出勤した。義務からではなく、物理学を愛し、自分は有意義な貢献者であると確信していたからだ。メイヤーはついぞ給料を支払われることはなかったが、最終的に講義を複数受け持ち、物理学科のオフィスが与えられた。ジョンズ・ホプキンス大学での九年間、メイヤーは一〇本の論文を発表し、夫であるジョー・メイヤーと共著で大学の教科書を刊行した（これは四〇年以上使われることになった）。

ジョー・メイヤーは一九三八年に予算削減を目的とした一連のリストラで解雇された。ジョーはより高額な給料で地元のコロンビア大学に移った。マリアにとって引っ越しは夫以上の大打撃だった。すばらしい経歴にも関わらず、彼女を知らない人々はただの教授の妻として片付けがちだった。ドイツにいた頃は社交的で自信に満ちていたメイヤーは、米国で新しい環境におかれて引っ込み思案になった。講義をするときは、堂々と振る舞うためにタバコに頼った（ときには一本目のタバコを吸い終わる前に次のタバコに火をつけ、一度に二本以上吹かすこともあった）。

メイヤーはコロンビア大学の物理学部に職があるか問い合わせたが、要求は退けられた。ようやくマリアは化学部の研究室を得て少々の支援を受けられるようになった。化学部でメイヤーは講義をいくつか受け持ち、肩書を与えられた。大学は彼女の価値を見誤ったミスを恥じる代わりに、パンくずのような仕事をあたかもほどこしであるかのように与えたのである。

メイヤーは第二次世界大戦中の研究で、ようやく給料をもらうことになった。実際に経費を支払ったのはコロンビア大学ではなく、政府だったのだが。メイヤーはウラン濃縮に関するプロジェクトに携わる約一五人の化学者チームを監督した。戦後は高名な物理学者たちがこぞってシカゴ大学に移り、メイヤーも同行した。またもや無給だったが、メイヤーは科学は最先端で競争力が高く、猛烈なスピードで進化する、一言で言えば最高に面白いものだと知った。

メイヤーがシカゴ大学にやってくると、元教え子の一人がアルゴンヌ国立研究所の原子物理学研究員という役職をオファーした。アルゴンヌ国立研究所は、メイヤーがシカゴ大学の教員の仕事を続けてもかまわないという。「だけど私は原子物理学について何も知らないんですよ」(2)というメイヤーの指摘に対し、帰ってきた返事はこうだった。「マリア、あなたなら習得できるでしょう」

そういうわけで、メイヤーはシカゴ大学においては片手でチョーク、片手でタバコを巧みに操って容赦なく難解な物理理論のゼミを運用し、「ボランティア教授」という肩書と引き換えに無給で他の教員同等の責任を果たした。残りの時間はアルゴンヌ国立研究所で働き、同位体に頭を悩ませた。

同位体は、同じ元素でも中性子の数が余分だったり欠けていたりする原子である。メイヤーは一部の同位体が他のものより安定している理由を解明しようとした。安定した同位体は中性子または陽子の数がいわゆる魔法数であることを示す証拠を集めた。魔法数は2、8、20、28、50、82、126である。これらの魔法数を持つ同位体は不安定核種のようにどんどん崩壊していくのではなく、同じ状態でとどまり続ける傾向があるため、宇宙は安定した同位体で満ちている。メイヤーはそれらが特別であると知ることができたが、理由はわからなかった。

メイヤーはタマネギの輪切りのように、原子核の中にも何重もの殻があると考えるようになった。この「原子の殻理論」は、一九三〇年代の科学者によって初めて浮上したが、実証されることはなかった。時を経て、メイヤーのデータが中性子と陽子が異なる軌道レベルで回転しているという仮説を強く裏付けるものとなった。しかし、メイヤーはまだ中性子や陽子がその形態で回っている理由を説明しうる決定的な情報をつかんでいなかった。なぜ魔法数はこの数字で、タマネギの輪切りのような殻になっているのか？

メイヤーは一九四八年、自分の研究室でエンリコ・フェルミとこの問題について議論した。フェルミはドアから出ようとする際、最後に一つの質問を投げかけた。「スピンと軌道が連結している証拠はある？」(3)。ものの一〇分で、彼女は理解した。フェルミの質問は、メイヤーが見つけた他の証拠すべてに焦点を当てるものだった。これらのタマネギの輪切りにおける粒子のスピン方向が、同位体の安定性を決定していたのである。メイヤーはこのモデルを部屋の中で軌道を描いて回りながらワルツを踊る一組のダンスペアに喩えた。「テンポの速いワルツを踊ったことのある人ならおわかりの通り、回る向きと反対方向にスピンするより、同じ方向にスピンしたほうがより楽です」(4)と記すのは、ジャーナリストのシャロン・バーチュ・マグレインである。「楽な方向にスピンしているダンスペアは、必要とするエネルギーがわずかに少なくすむでしょう」。魔法数を持つ同位体が安定しているのは、ワルツを踊るペアが全員エネルギーの放出が少ない方向に動いているからなのだ。メイヤーは原子核の殻模型を解明した。それは原子核内で何が起きているのか、またなぜある種の同位体が他の同位体よりも安定しているのかを説明するものだった。

一九六〇年、カリフォルニア大学はメイヤーに常勤教員の職をオファーした（これを受けてシカゴ大学も正式な教員職をオファーしたが、長年無給で働かせたあとに引き止めるそぶりを見せるのは愉快なものだとメイヤーは感じた）。西海岸に移った三年後、メイヤーはノーベル賞を受賞した。受賞時、重い脳卒中と長年の喫煙・飲酒習慣により彼女の健康状態は悪化していた。メイヤーはペースを落としたものの、研究をやめることはなかった。「科学を愛している人間にとって、真の望みは研究を続けられることだけなんです」(5)

引用文献

（1）Max Born, *My Life: Recollections of a Nobel Laureate*. New York: Scribner, 1978.

（2）Robert G. Sachs, "Maria Goeppert Mayer." In Edward Shils [ed.], *Remembering the University of Chicago: Teachers, Scientists, and Scholars*. Chicago: University of Chicago Press, 1991.

（3）Maria Goeppert Mayer, "The Shell Model." Nobel Lecture, December 12, 1963.

（4）Sharon Bertsch McGrayne, *Nobel Prize Women in Science: Their Lives, Struggles, and Momentous Discoveries.* 2nd ed. Washington, DC: National Academies Press, 2001.

（5）Ibid.

マルグリット・ペレー

Marguerite Perey

1909-1975

化学者・フランス人

一九二九年から一九三九年にかけて、マルグリット・ペレーは放射性物質の隣で寝ていた。彼女はマリー・キュリーのラジウム研究所で放射性元素を扱う仕事をしており、家に仕事を持ち帰ることも多かった。「家」は窓に鉄格子を備えた小さな住宅で、ラジウム研究所の研究室から隔てるものは庭一つだけだった。しかしそこにいる間は、空間はペレーのものだった。一人の時間が必要なときは、ペレーは放射性物質を手に庭を歩いて渡り、ドアを閉めた。誰も中に入ることを許さなかった。数十年後、ペレーは「当時、私たちがとっていた防護策は最低限のものでした」(1)と記者に語っている。「この種の危険を軽く見ていたことは実に問題でしたね」

ペレーは一九二九年、二〇歳の時にラジウム研究所で働き始めた。研究所の所長は、ノーベル賞を二回受賞したマリー・キュリーである。ペレーが手にしていたのは、技術者の学位のみだった。ペレーは子供の頃、外科医になることを夢見ていたが、家庭は経済的に困窮していた。父はペレーが四歳のときに亡くなり、家業は株式市場の崩壊で傾き、母はペレーの教育資金を調達する余裕を失っていた。しかしペレーは正規教育で欠けていたものを、実践的な教育で得ることができた。「マリー・キュリーのもとで、ふと気づくと私はフランス最高の化学者たちの真っ只中にいました」(2)とペレーは回想する。「そして私と言えば、みすぼらしい学歴があるばかり」。ペレーの好奇心と勤勉さに心打たれたキュリーは、ペレーを自分の助手に昇格させた（キュリーがかつて、物理学の博士課程修了後にラジウム研究所に応募してきた優秀な科学者リーゼ・マイトナーを落としていることと比較すると、キュリーのペレーへの信頼の厚さがうかがえる）。

ペレーの最初の仕事は、キュリーの実験のために放射性元素アクチニウムを準備することだった。希土類材料が混ざっているアクチニウムの精製は、言うまでもなく時間がかかる作業で、難しいことで知られていた。ペレーは試料を損なわせるアクチニウム関連の放射能も除去しなければならなかった。

働き始めて四年経った二四歳のとき、ペレーの左腕に痛みが現れた。やけどに似ていたため、ペレーの家族はおそらく実験室の酸が皮膚を刺激しているだけだろうと主張した。しかしペレーには、皮膚を傷めているのは酸ではないという感覚が付きまとって離れなかった。数年後、右の腕にも同じ痛みがおとずれた。しかし彼女は気にしなかった。アクチニウムをめぐるあらゆる仕事が、ちょうど面白くなってきたところなのだから。

一〇年間同じ仕事を着実に遂行し続けたのちに、ペレーはアクチニウムの試料を用意するときに何が起こるのかを正確に知るようになった。彼女はきわめて巧みに作業を処理し、何年も苦労して取り組んできた精製の手順を改善した。ペレーは熟練した手つきで作業工程を迅速化した。しかし一九三八年秋、精製されたばかりのアクチニウムを測定すると、今までに見たこともないものを検出した。

それは新しい放射線のようだった。

それから数カ月たった一九三九年一月、実験技術者ペレーは二九歳で、目を疑うような答えを突き止めた。ペレーはその予期しなかった放射線の源を追いかけて、原子番号87の新しい放射性元素を発見したのである。

原子番号87の元素は、周期表で空白だったアルカリ金属グループの角を埋めるものだった。周期表の天然元素のための空白はこれですべて埋まった。原子番号87の元素の存在は科学者の間では四〇年前から把握されていたが、それに気づくほど速く作業できる放射化学者がほかにいなかったため、発見が遅れたのである。原子番号87の元素は、あらゆる天然元素の中で最も希少で、最も不安定である。地球の地殻にはわずか24・5グラムしか存在せず、半減期は二二分だ。これをとらえるには、ペレーのたぐいまれな作業スピードと技術が必要だった。

マリー・キュリーはペレーの発見の数年前に亡くなっていたが、娘のイレーヌ・ジョリオ＝キュリーが、母が生きていればあなたを誇りに思っただろうとペレーに伝えた。キュリーが新元素を祖国に敬意を表して命名していた慣例に従い、ペレーは原子番号87の元素を「フランシウム」と名付けた。

小さな放射能の洞窟に住み始めてから一〇年後、勝利を収めたペレーは引っ越すことになった。大学教育を修了するようにイレーヌ・ジョリオ＝キュリーに促され、放射化学者ペレーは第二次世界大戦中にソルボンヌ大学で講義を受講し、一九四六年にようやく化学の博士号を取得した。彼女は二〇年間ラジウム研究所に留まり、放射化学者の個人助手から、国立科学研究センターの研究責任者まで上り詰めた。イレーヌ・ジョリオ＝キュリーの後押しを得て、ペレーは一九四九年にストラスブール大学に移って核化学の教授になり、彼女を長い間雇ってくれたキュリーの伝統を受け継いで、最終的に自身の放射化学研究所を設立するに至った。研究所は急速に発展し、科学者、学生、スタッフ、そしてもちろん実験技術者からなる約一〇〇名のにぎやかなコミュニティの拠点となった。

ペレーが四〇歳になったとき、ようやく一五年以上悩まされ続けてきた病気に正式な診断が下った。彼女の腕の痛みは、放射性物質に繰り返し曝露してきたことに由来する放射性皮膚炎の症状だった。医師はがんの転移を止めようとしたが、五〇歳でペレーは二〇回の手術を受け、病気のために二本の指を失い、介護者が読書をやめさせようとするほど健康状態が悪化した。健康が衰えるにつれ、ペレーは大学と活発な研究所から身を引くことを余儀なくされた。

素晴らしいキャリアが生んだ痛ましい副作用ではあったが、ペレーの健康問題が注目を浴びたことで、一九六〇年に決定的な職業規制が生まれる流れを作り、人々を同様の被害から守った。

一九六二年に、ペレーはフランス科学アカデミーの会員に選ばれた最初の女性となった。それは五〇年前、ペレーの指導者が喉から手が出るほど欲していた名誉だった（キュリーの入会は一票差で否決され、彼女の立候補をめぐるスキャンダルが追い打ちをかけた）。ペレーは病に倒れ、日に日に病状は悪化した。ニースで保養しているとき、ペレーは科学界における自分の名声についていとこが語ったコメントを思い出していた。「あなたは一族の中で二番目に有名な人だね」(3)といとこは言った。「一六世紀に、我々の先祖の中にも有名人がいたんだ。彼は『喧嘩屋マーティン』と呼ばれていたよ」。新しい元素の発見は、明らかにもっと危険なことだった。

引用文献

（1）"Madame Curie's Assistant: Scientific Battle Won, She's Losing Medical One." *Milwaukee Journal*, July 15, 1962.

（2）Ibid.

（3）Ibid.

呉健雄《ウー・チェンシュン》
Chien-Shiung Wu
1912-1997
物理学者・中国人

コロンビア大学軍事研究部門で働く二人の研究者は、核物理学における呉健雄の研究内容について、まる一日かけて彼女を質問攻めにした。彼らは自分たちの機密プロジェクトに関して忠実に黙して語らないままだったが、最後に「私たちが何をやろうとしているかご存知ですか？」と呉に尋ねた。呉は笑って答えた。「失礼ですが、あなたたちが何をしているのか私に知らせたくないのなら、黒板をきれいにしておくべきでしたね」(1)。彼らは呉に、明日から働いてほしいと依頼した。

ごく幼いときから――生まれたときですら――呉は偉大な人物になるように育てられた。彼女の名前は「勇敢な英雄」を意味し、父は娘のみならず、女性一般のために積極的に発言する男女平等主義者だった。父は中国・上海から離れた地元に最初の女子校を設立した。しかし父の奮闘だけでは娘の受けられる教育には限度があった。中国には、大学院レベルの物理学を学べる選択肢がなかったのである。それで呉は一九三六年、船に飛び乗って一時的に家族から離れ、ミシガン大学で研究するという計画を立てた。しかしサンフランシスコに上陸した呉は、カリフォルニア大学バークレー校も検討した。どちらの大学のほうが女性にチャンスがあるか、物理学のカリキュラムのレベルが高いのはどちらかをよく考え、呉はカリフォルニアにとどまることにした。バークレー校では、他のどの場所でもそうだったように、呉は抜きんでていた。呉が一九四〇年に博士号を取得してから二年後に、エンリコ・フェルミは自己持続性核分裂問題の答えを見つけたいなら呉に電話するべきだと言われている。

呉はさらに二年間バークレーに留まった後、東海岸に移った。第二次世界大戦中のコロンビア大学で、冒頭に登場した軍事研究部門に雇われたのである。戦争終結後も、コロンビア大学は呉に残るように求めた。

ようやく落ち着いた呉は、フェルミのベータ崩壊理論に注目した。ベータ崩壊は放射性崩壊の一種である。この理論は、ある種の放射性元素の原子核にある粒子に何が起きるかを予測するものだ。しかし現状では、科学者たちはフェルミが予測したものとは異なる現象を目にしていた。

呉は実験を計画する前に、既存の研究を調べることに没頭した。呉曰く、新しい研究領域に取り組むということは、「研究の目的、研究から導きたいこと、研究によって示したい点を正確に把握すること」(2)でなければならなかった。さらに、実験が科学界に受け入れられるには、正しさだけでなく、他の実験のどこが間違っていたかを明白に示すことができなければならないと考えていた。呉はきわめて慎重だった。

フェルミの理論に取り組むプロセスは次のとおりである。呉は物質が均一でないために他の人々の実験結果が不安定になっているのだと証明した。核が電子を放出するとき、物質の分厚い部分が電子を減速させるため、エビデンスはフェルミの予測と一致しないように見える。呉は同じ実験を均一な

呉健雄
Chien-Shiung Wu

物質で行い、実験結果をフェルミの理論と鮮やかに一致させることができた。

呉は研究に強いやりがいを感じていたので、研究熱心な学生たちや同僚たちですら、物理学に激しく刺激を受けている彼女とのつきあいには悪戦苦闘した。出張から帰宅する途中、彼女はタクシー運転手に窓を一目見るだけのために研究室の側を通ってほしいと頼んだ。ある大学院生は、週末の朝に興奮した呉からこんな知らせを受けたことを覚えている。「実験装置が置き去りになってる。誰も働いてないじゃない。実験装置をほったらかしにして」(3)。ある同僚は親しみを込めて、呉を「奴隷使いの荒い主人」と呼んだ。一度、上司の監視から逃れる時間がほしかった学生たちが、息子さんとご一緒にどうぞと呉に子供向け映画のチケットを渡したことがある。呉は自分の代わりにベビーシッターを映画に送り出した。彼女の友人であり、量子力学の先駆者であるヴォルフガング・パウリは、「私が若かった頃と同じくらい物理学に心を奪われている。今まで外の満月の光に気が付いたことがあるのかどうかも怪しいね」(4)と彼女を評している。

一九五〇年代、物理学者たちは粒子加速器のおかげで、驚くべきスピードで次々に新しい素粒子を発見した。コロンビア大学の物理学者である李政道《リー・チョンダオ》と研究パートナーの楊振寧《ヤン・チェンニン》は、新たに発見された粒子であるK中間子の暗号を解読しようとしていた。研究者たちには、K中間子の崩壊パターンは物理法則に反しているように見えた。基本的に、核の中の動きは対称であるはずだ。電子が一方から放出されたら、同じ数の電子が反対側から放出されるだろうと物理学者はみていた。

解決が困難な問題が起きた場合のならいとして、一九五六年にコロンビア大学の研究者は助言を求めて呉のところへ向かった。李は核が常に対称であることを明白に確かめた人がいるのかを知りたかったのである。呉は正しいと見込まれることが一〇〇万分の一の確率でしか起きない現象を追いかける前に、彼らの前提が確かなものであるかを確認したかった。楊と李はこのテーマに関する一〇〇〇頁もの学術書を読破した。書かれていなかった。実証した者はいなかったのである。

呉は確信した。すぐに実験に取りかからなければ、他の誰かに追い越されてしまうだろうと。

呉と夫は中国を離れて二〇年目の記念日に、故郷へ戻る旅を企画していた。しかし突如、K中間子の研究が喫緊の課題だと感じた呉は、旅をキャンセルせざるをえなくなった（夫は一人で旅行に出かけた）。この研究課題で問題になっていることは何か？　物理学の基本法則であるはずのものを、反証することのみである。

計画を立てて実験道具をチェックするだけでも数カ月かかった。非常に複雑な実験をやり遂げるためには、地球磁力の数万倍の力を発揮する超強力磁石、熱力学的に考えうる最低の温度である絶対零度近くまで元素を冷却できる設備、硝酸セリウムマグネシウム結晶（大学院生の台所のストーブに乗せたビーカーで生成）が必要だった。数カ月間、呉は四時間以下の睡眠で働き続けた。

一九五七年、ワシントンDCの国立標準局を根拠地として実験していた呉は、K中間子を観測可能な状態にするために機器を慎重に操作し、電子が飛ぶ様子を目撃した……核の一端から出た電子より、もう一方の側から出た電子の数のほうが多かった。「高揚感と恍惚感に包まれた瞬間でした」(5)と呉は記者に語った。「こんな奇跡を垣間見られるなんて、一生分のご褒美です」

実験結果が発表されると、『ニューヨーク・ポスト』紙は大々的に報じた。「この小柄で控えめな女性は、軍隊もなしえないことをするほどパワフルだ。自然界の法則を打ち破ったのだから」(6)

引用文献

(1) Sharon Bertsch McGrayne, *Nobel Prize Women in Science: Their Lives, Struggles, and Momentous Discoveries.* 2nd ed. Washington, DC: National Academies Press, 2001.
(2) Ibid.
(3) Ibid.
(4) Ibid.
(5) Ibid.
(6) Ibid.

ロサリン・サスマン・ヤロー
Rosalyn Sussman Yalow
1921-2011
物理学者・アメリカ人

ロサリン・ヤローは、エンリコ・フェルミが話すところを見たいと思ったなら、天井の梁にぶらさがることも厭わなかった。世界最高の物理学者の一人が世界最大の発見について語っている？　核分裂について語るフェルミ？　ハンターカレッジ（現ニューヨーク市立大学）の三年生だったヤローは、通学圏内にいるすべての物理学者と席の奪い合いをしてでもその場にいたいと考えた。ヤローは実際にコロンビア大学でフェルミの研究会に参加した。本当に天井の梁にぶらさがりながら、話すフェルミを見たのである。

これがロサリン・ヤローのやり方だった。一度ある考えを胸に宿したら、障害にめげずに突き進んだ。貧しい家庭の子供が歯を矯正するにはどうすればいい？　ヤローは母と一緒にアイロンで襟を折る仕事をして必要な現金を調達した。研究室が与えられない場合、研究する場所を確保するには？　ヤローは守衛用の小部屋を改装して、米国初となる放射性同位元素専門の研究室のひとつを作り出した。差別はどうやって克服すればいい？「個人的に」とヤローは説明した。「私は差別にそれほどひどく悩まされたことはないのです。差別をある方法でかわすことができそうになければ、別の方法でどうにかするでしょう」[1]。この行動指針は、大学院の入学拒否、妊娠した女性に退職を迫る規則、主要ジャーナルでの論文不採択、そして、そう、エンリコ・フェルミの大入り満員の研究会といった多くの問題をどのようにくぐり抜けたかを示すものだった。彼女は単に別の方法を見つけるのである。それもとても素早く。泣き言を言うのは時間の無駄だった。時間こそは彼女が失うことを好まなかったものである。

ヤローは単刀直入な人柄だった。彼女は学会で同僚に質問し、会議で自分の意見を自由闊達に話した。ときには周囲の人々が彼女の態度を不快に思うこともあったが、ヤローはダブルスタンダードだと感じた。

ヤローは長年の研究パートナーであるソロモン・A・バーソン博士と率直にやり取りした。二二年間一緒に働いていくうちに、二人のコミュニケーションは、傍目には「不気味なほど感覚が通じ合っているテレパシー」(2)の一種とみられるようなものへと変貌した。二人が早口で交わす仕事についての会話は、学術イベント、ディナー、キャンパス周辺の散歩においてもあふれ出した。パーティでは、バーソンはヤローに仕事の話をするのをやめさせ、他の人と会話を楽しむように注進しなければならなかった。

二人は一九五〇年からブロンクスの復員軍人援護局（VA）病院で一緒に働き始めた。ヤローはハンター・カレッジの常勤教員として働くかたわら、バーソンより三年早くコンサルタントとしてこの病院の一員となった。それ以前は連邦電気通信研究所で働いていた。ヤローは原子物理学を研究したいと考えていたが、ハンター・カレッジでも連邦電気通信研究所でも、その目的はかなわなかった。VA病院で、元は守衛用の小部屋とはいえ、ようやく自分の研究室を持つことができた。ヤローは研修医だったバーソンを仲間に引き入れた。

二人はすぐに意気投合した。毎週八〇時間猛烈に働き、ヨウ素代謝、血液量測定における放射性同位体の役割、およびインスリンについて研究した。飛び交う試験管、化学的定量の準備、無駄にできる余分な時間はまったくなかった。

チームとして最初の課題の一つは、糖尿病患者に注射されたインスリンがどれくらい長く体内に留まるかを把握することだった。ヤローとバーソンはインスリンに放射能タグを付けてどれくらいの時間体内に留まったかをモニターした。ひんぱんな血液採取を通じて、長時間留まるという答えを得ることができた。この結果は驚くべきものだった。というのも、この結果はインスリンが抗体に妨げられていることを意味していたからだ。一般的な想定では、インスリン分子はとても小さいため、身体の警報システムをすり抜けることができると考えられていた。なぜ身体は注射されたインスリンを攻撃したのか？　ヤローとバーソンは一九五〇年代に豚や牛から作られたホルモンと人体との間の不和合性に問題の原因があると考えた。ヒトインスリンとウシインスリンの差はわずかではあったものの、抗体はウシインスリンを異物だと検知し、追跡したのである。二人の発見は長年の通念をひっくり返し、糖尿病患者を治療する医師に重要な情報を提供した（現代ではインスリンはこうした問題を避けるため、正確に人体に合わせて合成されている）。

しかし、この実験から得られた最大の恩恵は、インスリンに関することでは全くなく、それを知りえた方法である。インスリン研究の過程で、ヤローとバーソンはインスリンの結果として産生された抗体を測定した。その関係を裏返すと、何が得られるだろう？　二人は知らず知らずのうちに、抗体を調べることにより試験管の中でホルモン濃度を測定する方法を開発していたのである。この手順であれば体内に放射性物質を注入する必要はなく、驚くほど正確な測定が可能になった。二人はこの分析法をＲＩＡ（ラジオイムノアッセイ〔放射免疫測定〕）と名付けた。

ＲＩＡの発見をスタートを告げるピストル音と解釈したヤローとバーソンは、ともにホルモン研究を全速力で駆け抜けた。彼らの研究のおかげで、研究者たちは1型糖尿病と2型糖尿病の患者を見分けることができるようになった。このほか、どの子供にヒト成長ホルモン治療を施せば効果があるのか、潰瘍を手術で治すか薬物で治すか、甲状腺機能低下症の医療介入が必要なのはどの赤ちゃんなのかといった検査ができるようになった。ＲＩＡの成果は枚挙にいとまがない。他の人が飛びつくのは少々遅かったとはいえ、一〇年もしないうちにＲＩＡの技法は科学者に活気を与え、内分泌学は医学研究における花形分野に変わった。一八年間、ヤローとバーソンはホルモンを次々に検査し、凄まじい勢いで溶液を調製し、二四時間で二〇〇〇～三〇〇〇の試験管に溶液を用意した。

バーソンはＲＩＡ関連の研究の大半をやり終えると、一九六八年にニューヨーク市立大学に移った。それでも、バーソンとヤローは火曜日と木曜日に再び集い、研究室で夜を徹して実験した。

バーソンにおそろしい連続パンチが降り注いだ。一九七二年三月に軽い脳卒中を、さらに翌月アトランティックシティで開催された科学学会出席中に心臓発作を起こしたのである。この心臓発作で、バーソンは命を落とした。

物理学

バーソンとヤローはとても親しく、家族に近い関係だったから、バーソンの死はヤローに大きな打撃を与えた。友人と研究パートナーを失うことに加えて、ヤローは自分の地位が失われる懸念があった。二人のパートナーシップ全体でみれば、対外的な顔となっていたのはバーソンだった。ヤローはバーソンの死で荒れていたが、自分の仕事に対する世間の関心をバーソンと一緒に葬り去られるのはまっぴらだとも思っていた。

ヤローは大学に戻り、自分の影響力を増してくれるであろう医学士の学位をとろうと考えた。しかし長きに渡ってすでに重要な研究の経験を積んでいることを考え、思い直した。自分のために――自力で――名声を得るには、バーソンがパートナーシップを主導していたという二〇年以上もの周囲の思い込みをひっくり返す必要があるだろう（ヤローとバーソンはいつもお互いが対等であると考えていた）。

科学界の信頼を取り戻す唯一の道は、すでに猛烈な勢いで取り組んでいた仕事のペースをさらに上げることだとヤローは決心した。ヤローは週八〇時間の労働時間を一〇〇時間に増やした。研究室の名前を「ソロモン・A・バーソン研究室」に改名し、向こう四年間で六〇本提出した論文に彼の名前が残り続けるようにした。

ヤローはバーソンとの仕事がノーベル賞にふさわしいとわかっていたが、科学最高の賞は生存している者にしか授与されず、バーソンはすでに故人だった。ヤローはこれまでどおり、望みを諦めなかった。彼女は毎年、賞の発表日になると、良い知らせが届いた場合に備えて、シャンパンを冷やしてドレスアップした。

一九七七年の秋、夜中に目を覚ましたヤローは寝付けなくなった。いつもの習慣通り、彼女は仕事場にでかけた。この特別な朝、彼女はすでに六時四五分には出勤していたのである。六時四五分にノーベル賞受賞の知らせを受けたヤローは、家にあわてて帰って服を着替え、午前八時までに研究室に戻った。ヤローにノーベル賞は与えられたが、研究パートナーが生存していなければならないという原則に照らし合わせれば、あくまで例外である。

ノーベル賞はついに、「大物」(3)科学者になりたいという八歳の頃から抱いていたヤローの夢を肯定してくれた。今度こそ、ヤローは勢いよくドアを開けて入場する権利が認められたのだ。天井の梁ではなく。

引用文献

(1) Sharon Bertsch McGrayne, *Nobel Prize Women in Science: Their Lives, Struggles, and Momentous Discoveries.* 2nd ed. Washington, DC: National Academies Press, 2001.
(2) Ibid.
(3) Ibid.

地球と宇宙

EARTH AND STARS

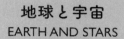

マリア・ミッチェル

Maria Mitchell

1818-1889

天文学者・アメリカ人

マリア・ミッチェルは昼間、図書館司書として働いていた。しかし彼女にはもう一つの職場があった。マサチューセッツ州ナンタケットにある両親の家の屋根にこしらえた簡易展望台がそれである。展望台はお気に入りの作業場だった。彼女はそこでクモなどの虫や野良猫に囲まれながら、寒い夜も暖かい夜も星の研究をした。「真夜中に出現する特定の天体に、(こういった言葉を使ってもよければ)愛を感じていました」(1)とミッチェルは一八五四年の日記にしたためた。

ミッチェルは子供時代、天体望遠鏡で「全天を掃く」(2)ように空を眺めはじめた。天文家で教師だった父は、夜になると一〇人の子供を二階に連れて行き、星を観測することを好んだ。ミッチェルの兄弟姉妹にとって、それは家族の義務だったが、ミッチェルにとっては生涯の仕事になった。一八四七年一〇月一日、ミッチェルはそれまで何度もやったように、家族が来客をもてなしている間に二階に忍び込んだ。彼女が特別な天体ショーを見たのはこのときである。口径わずか二インチの貧弱な望遠鏡(これは天文学者としての彼女の才能を示している)で、肉眼では見えないぼんやりとした光を見つけた。ミッチェルが急いで一階に駆け下り、父に彗星を視界にとらえたと告げると、父はただちにそのことを公表した。しかしミッチェルは慎重だった。何かを発見したことを手柄にする前に、もっと接近してその光の筋を観察し、見つけたものをしっかり確認したかったのである。

ミッチェルは二一歳で彗星を発見し、その軌道を図に記した最初のアメリカ人になった。その功績は国際的なトップニュースを飾り、ミッチェルは一躍科学界の有名人になった。発見した彗星は「ミス・ミッチェル・コメット」と名付けられた。その功績に敬意を表して、ミッチェルはデンマーク国王から金のメダルを授与され、アメリカ芸術科学アカデミーの会員に選ばれている。男性会員に慣習的に与えられる称号「フェロー」は削除され、代わりに「名誉会員」という称号が授与された。

「数日間の科学の君臨——私たちはあらんばかりの祝宴でもてなされ、称賛されています。…しばらくの間、偉大な科学の一部としてふるまうことを心から楽しみます!」(3)とミッチェルは記している。しかし彼女は不自然な見せびらかしだと見なしていたもののためにも、驚きをとっておいた。「自分が何年間も注目されることなく訪れていた都市で重要人物扱いされるのは、本当に楽しいことです。それまで決して開くことのなかったファッショナブルな大邸宅のドアが、自分を受け入れるために大きく開いているのを見られるなんて。私は道化芝居の袖で科学を護る全兵士が笑ってるんじゃないかと疑っています」(4)

次なる注目の波は、仕事のオファーという形でやってきた。彼女は米国沿岸測量局のために観測的研究を行った。沿岸測量局が一八四九年にミッチェルに支払った給料は三〇〇ドルである。その後、一八六五年にミッチェルはヴァッサー大学の職を引き受けた。何よりの魅力は、同大が有する最高機種である一二インチの天体望遠鏡を自由に使えることだった。教え子たちにこの商売道具を実際に操作する時間を与えるのは、かなり厄介だった。全員女性である学生たちには門限があり、天文学の授業は真っ昼間に行わなければならなかったのである。夜空のない天文学ですって？　ミッチェルは、ばかげた規制に黙って従ったりはしないことで有名な先生だった。

彼女は早急に大学にかけあって教え子たちへの縛りをゆるめさせ、没入型の経験学習を増やすよう陳情活動を行った。その中には、全国各地で政府公認観測者として太陽や月の食を観測するという任務も含まれていた。ミッチェルは女子の出席を渋る教授を強引に押し切って（「私は彼に出席してもいいか尋ねました。彼は『はい』って言ったけど、あんまりいい顔をしなかったわね！」(5)）ハーバード大学を説得し、講義に参加した。彼女はその後、ヴァッサー大学の「女の子たち」をもハーバード大学教授の講義に送り出した。ミッチェルの教え子たちは、彼女が学生の利益のために主張してくれること、そしてその平等主義的な教授法をもって、ミッチェルを崇拝していた。「そんな女性と日常的に触れ合えるなんて、非常に意義深いことです！」(6)とある学生は記した。「彼女の能力について話す必要はありません。世界じゅうが彼女のことを知っているのですから……おそらく彼女の影響力を理解する手がかりは、四年生向けの天文学の授業でなされた彼女の発言から得られるかもしれません。『私たちはともに研究する女性です』」

生涯を捧げた天文の研究において、ミッチェルは土星と木星の衛生、太陽黒点、星雲を観測した。そして彼女は他の世代の女性たちに、空を見上げて同じことをしたくなるようなインスピレーションを与えた。死後、ミッチェルは深く愛していた星空の風景の中に永久に残ることになる。月面のクレーターに、彼女の名前がつけられたのである。

引用文献

(1) Maria Mitchell, *Maria Mitchell: Life, Letters, and Journals*. Boston: Lee & Shepard, 1896.
(2) Ibid.
(3) Ibid.
(4) Ibid.
(5) Ibid.
(6) Ibid.

アニー・ジャンプ・キャノン

Annie Jump Cannon

1863-1941

天文学者・アメリカ人

場所と天候の条件がそろえば、夜空に光る星のうち、肉眼で見える星はおよそ八〇〇〇個である。それでは次の数字を見てほしい。天文学者のアニー・ジャンプ・キャノンが仕事で分類した星の数は、その五〇倍だ。キャノンは死後もなお、誰よりも多くの星を分類した人物という称号を持ち続けている。

四〇万もの数の星を見つけるには、若いうちにスタートラインに立つ必要がある。キャノンは両親の屋根裏部屋に、最初の展望台を設置した。視界を遮る樹木もなく、キャノンは屋根の跳ね上げ戸から星を見つめることができた。夜の観測を成功させるには、三方面からの努力が必要となる。第一に、視界を確認すること。第二に、動物性脂肪でできたろうそくに火をともすこと。最後に、使い古しの星座の本を開くこと。そうすることで初めて、米デラウェア州の夜空に心ゆくまで浸ることができた。

アマチュア天文学者の母はキャノンを天空への道に導いたが、父は夜の習慣を心配していた。「父の関心事は星の動きよりも家の安全でしたし、父が息をつくのは、家が燃えることなく徹夜が終わったという安堵のしるしでした」(1)。娘がウェルズリー大学に通うようになると、この間に合わせの天体観測セット一式が問題を引き起こした。よその屋根から同じ空を見ようとして、キャノンは友人の家の窓にランプを置いた。彼女はそれが「小さなエンジンのように煙を出し」(2) 始めたことに気が付かなかった。天体観測を始める頃には、部屋はほぼ完全に焦げ臭くなっていた。キャノンは観察を中止し、夜の残り時間を費やして家具や壁紙をゴシゴシ洗うはめになった。壁紙は最終的に張り替えを要した。

ボヤ騒ぎはさておき、キャノンがウェルズリー大学で過ごした時間は、宇宙への情熱をあらためて燃え上がらせただけだった。一八九六年、キャノンは修士号を取得したあと、ハーバード大学天文台で研究助手として雇われた。彼女の目標は、遠くの星からの光をとらえ、光にこめられた秘密を解読することだった。

キャノンが世紀の変わり目に天体のスペクトルを自分の専門にしたいと主張したとき、光の分析による星の研究は成長中の分野だった。それは時間の経過とともに星に何が起きるか、星々は誕生から中年期、消滅までにどう変化するかを概観するもう一つの新進研究領域と平行して発展した。一つの星のライフサイクルは人間が観察しきれないほど長期間にわたるため、天文学者はあらゆる段階における星の写真を集め始めた。十分にデータを収集すれば、星の年齢ごとにその秘密を明らかにするパターンが浮かび上がるだろう。

肉眼では、星からの光は白く見える。しかしこの光線を成分色に分解するプリズムを通して見ると、そのスペクトルは星の温度、ガス、および金属についての手がかりを明らかにする痕跡となる。キャノンはこれらの固有の識別子を写真乾板に記録し、分析した。

ひとたび研究を始めると、キャノンは星分類マシンとなった。彼女が多くの天体のスペクトルを集めるにつれ、他の科学者たちはそれを利用する方法を模索した。

キャノンによる天体の分類は、大きく二回に分けて発表された。最初のものは、二二万五三〇〇個の恒星のスペクトル分類型を記載した『ヘンリー・ドレイパー・カタログ』の一部である。『ヘンリー・ドレイパー・カタログ』は一九一八年から一九二五年にかけて出版された全九巻の恒星の百科事典で、収められた恒星の分類型はほぼすべて、キャノンによって記録されたものだ。

続く彼女の仕事は、より見つけにくい恒星を集めた、いわゆる『ヘンリー・ドレーパー・エクステンション』の一部となった。『ヘンリー・ドレイパー・カタログ』に収められているのは九等星までの恒星である。等級の数字が小さいほど光が明るくなるため、最初のカタログに掲載された恒星は、現代の双眼鏡で観測可能なものだ。エクステンションでは、観測すら難しい星を含め、一一等級の恒星まで拡張して分類している。エクステンションが一九四九年に出版されると、掲載された恒星の数は三五万九〇八三個にのぼった。

キャノンは時計職人のルーペによく似た拡大鏡で写真のデータを分析し、アシスタントに伝えて記録させた。彼女がスペクトル分析を発明したわけではなかったが、長年にわたってその作業を確実に合理化した。ハーバード天文台でキャノンが仕事を始めてから一四年後に、彼女が確立した分類法は世界標準となり、現代でも改良された形で使われている。キャノンの仕事は、天文学を観測に基づく学問から、理論と哲学を備えた純然たる科学の専門分野へと引き上げ、多くの人々の基礎となった。

目を細めて写真を見続けた何十年もの間に、キャノンはオクスフォード大学とフローニンゲン大学から名誉学位を授与され、全米科学アカデミーのヘンリー・ドレイパー・メダルなど数々の賞を受賞した。キャノンは生涯を通じて、存命中で最も偉大な女性の一人として称賛された。「私の成功の秘訣は…これを成功と呼ぶならば、ですが」とキャノンは言った。「長年この仕事を続けてきた事実にこそあります。これは天賦の才能でもなんでもなく、ただ忍耐強かったというだけなんです」(3)

引用文献

(1) "Delaware Daughter Star Gazer." *Delmarva Star*, March 11, 1934.
(2) Ibid.
(3) Ibid.

インゲ・レーマン

Inge Lehmann

1888-1993

地震学者・デンマーク人

一九二五年にインゲ・レーマンがスウェーデンのストックホルムで地震を研究し始めたとき、それは砂漠に住む人が熱帯雨林の専門家になろうとすることにいくらか似ていた。主要な断層帯やほとんどの地殻変動から遠く離れたデンマークの地震活動（北欧全体がそうなのだが）は、世界の中でも日本やカリフォルニアと比較するとかなり穏やかだった。彼女が選んだのは、ほとんど資金が獲得できない科学分野だったのである。二つの世界大戦と大恐慌によって、資金は他の科学分野に注ぎこまれることになった。こうしたお粗末な環境にあって、「デンマーク唯一の地震学者」(1)（本人がそう名乗っていたという）は大発見をなしとげた。一九三六年、地球の反対側で激しい地震が起こったおかげで、レーマンは地球の内核を発見したのである。

当時、地球の核（現代では外核として知られている）が発見されてまだ間もなかった。地震計は一八八〇年に発明され、この新しい技術のおかげで科学者たちは地球の反対側で起きた地震によって発生した地震波を検知できるようになった。地球の内部が均一であれば、地震が起きたとき、その地震波は地球の地殻を通ってあらゆる方向に放射し、同じスピードで扇状に外へと広がるはずである。しかし地震計が計測したデータを調査し始めた科学者たちは、単一の地震によって起きた地震波が、さまざまなスピードで、もしくは思いもよらぬ地にたどり着いている可能性に気づいた。

一九一四年、ドイツの地球物理学者ベノー・グーテンベルクは、地球のもう一つの層（火星のサイズにほぼ等しい液体状の中心部）が不均一な測定値の原因であるという結論に達した。地震波が地球の液体層に到達したとき、あたかも光がガラスに当たった時のように、地震波は屈折し、進行方向を変える。そう彼は説明した。

レーマンは大学を卒業し、地震学の仕事の経験をある程度積んだあと、ドイツのダルムシュタットでグーテンベルクとともに一カ月間研究した。「彼は私のために多大な時間を費やし、はかりしれないほどの支援をしてくれました」(2)と彼女は回想する。この訪問は、デンマーク全域に地震観測所を設置し、グリーンランドに地震観測所を配備する準備を整えるための長い旅行の一部であった。地震計測の技術はまだまだ目新しく、レーマンの同僚たちは「それまで地震計を見たことがなかった」(3)のである。

一九二八年、レーマンは王立デンマーク測地研究所の地震学部門の責任者を務めた。この職場には、ただ一つ難点があった。ほとんどの勤務時間を、レーマンは地震学部門の記録を手伝ってくれるスタッフが誰もいないまま働くことになったのである。科学者一人で運用するポストだったため、レーマンはしばしば週末にたまった仕事を処理した。彼女は庭に住居を構え、地震計の測定値を記した索引カードでいっぱいのオートミールの箱に埋もれた。レーマンは日差しの中で研究し、世界中から到着する地震波の速度を記録してカードを処理した。

結果的には、所在地はレーマンの科学研究に思いもよらぬ恩恵をもたらした。デンマークの地震観測網は、南太平洋の劇的なプレート活動のほぼ正反対側に位置しており、地球規模の大地震によって発生した地震波を受け止める役割を果たしたのである。

そのうちレーマンは、グーテンベルクの核の概念に合致しない、変わった挙動を繰り返すデータに気づいた。地震波を記録するべきところで記録していない地震計の地点もあれば、予期しない角度からの信号が記録されている地点もあった。

一九三六年までに、レーマンは観測データにとことんこだわる人という評判を築いた。言ってみれば、裏付けのない理論にあまり寛大ではなかったのである。そこで彼女は問題に取り組むにあたり、検出できたデータのうち、厳然たる事実から遡って調査することにした。レーマンが発見したのは、不安定な測定値は例外的なものではないということである。彼女の綿密な研究は、グーテンベルクが主張する液体状の中心に、さらに内核という構造があることを明らかにした。半径約一二二〇キロメートルの固い金属製のピンボールが、通過した地震波の速度と軌道の両方に影響を与えていたのである。

レーマンが研究を認められるまでには長い時間がかかったが、いったん認められると、世界的な評価が積み上がった。「そうねえ」と彼女はニューヨークの同僚に語った。「うまくいく方法は進めること。何も起きなくてもね。それからメダルを一つ手に入れる。するとみんながそのメダルにふさわしいと認めたり思ったりしてくれる。そうすればたくさんのメダルがやってくるようになる」(4)。レーマンは一九五三年に王立デンマーク測地研究所を退職したあと、いっそう研究や学問的交流に時間を費やすことができるようになった（登山やスキー旅行もより高い頻度でスケジュールに組み込まれた）。キャリアの第二段階を始める頃には、レーマンは世界で最も尊敬される地震学者の一人になっていた。彼女は高い評価を十分に得ていたし、研究を始めて間もない頃のレーマンに必ずしも基本レベルの敬意が払われていなかったことを思えば、状況は改善していた。レーマンは子供のころ、ニールス・ボーア（一九二二年のノーベル物理学賞受賞者）の伯母が運営する小学校に通っていた。これは特筆すべきことだが、この学校の教師はすべての生徒を平等に扱った。「男の子と女の子に知性の差はないものと認識されていました」とレーマンは説明する。「この事実は、のちの人生でいくらか失望をもたらすものでした。これが一般的な態度ではないことを認識しないわけにはいかなかったのですから」(5)

いわゆる退職後の隠居生活にあっても、レーマンは研究センター周辺を飛び回っていた。レーマンは真面目で、いつも自分のことは自分でやっていた。一九五二年にニューヨーク州パリセードのラモント地質学観測所から招待を受け、数カ月研究をともにしたときは、車での送迎の申し出を受けたにもかかわらず、あちこち歩き回りたいと言い張ってきかなかったと同僚たちは回顧する（レーマンはこのとき六〇代半ばで、車を所有していなかった）。ベスパのスクーターに乗り、「世界中のあらゆる著名な地震学者を後ろに乗せる」(6)という秘密の任務を負っていたラモントの若き研究者は、レーマンに後ろに乗るよう勧めた。レーマンは初め断った。しかし彼が同僚たちを乗せて走り回るのを目にすると、観測可能なデータを十分に入手したと判断し、彼の後ろに飛び乗った。

一九六〇年代に、地震学への財政的支援がようやく登場した。冷戦時代、米国は地下核実験を探知したいと考え、時代遅れの旧式システムを更新した。これらの新しい機械を使って、レーマンは地球の内部についてより多くのことを学んだ。彼女が他の科学者の研究を推薦すると、彼女の名声のおかげでその研究はすぐさま信頼性を与えられた。

引退してもなお、彼女は波を立てつづけたのだ。

引用文献

（1）Edmond A. Mathez, *Earth: Inside and Out.* New York: New Press, 2000.

（2）Nina Byers and Gary Williams, *Out of the Shadows: Contributions of Twentieth-Century Women to Physics*. New York: Cambridge University Press, 2006.

（3）Bruce A. Bolt, "Inge Lehmann," *Contributions of Women to Physics.* http://www.physics.ucla.edu/~cwp/articles/bolt.html, accessed September 11, 2014.

（4）Interview of Jack Oliver by Ron Doel on September 27, 1997. Niels Bohr Library & Archives, American Institute of Physics, College Park, MD, http://www.aip.org/history/ohilist/6928_2.html.

（5）S. G. Brush, "Discovery of the Earth's Core." *Am. J. Phys.* 1980. As cited in Bruce A. Bolt, "Inge Lehmann," *Contributions of Women to Physics.* http://www.physics.ucla.edu/~cwp/articles/bolt.html, accessed September 11, 2014.

（6）Interview of Jack Oliver by Ron Doel on September 27, 1997. Niels Bohr Library & Archives, American Institute of Physics, College Park, MD, http://www.aip.org/history/ohilist/6928_2.html.

マリー・サープ

Marie Tharp

1920-2006

地図製作者・アメリカ人

原始、海洋は人間がたどり着けない深みをたたえた神秘だった。漁師たちは海には底がないと想像した。その後一八五一年までは、海底は平坦で、大陸から大陸へとすべりおりるようになめらかな海盆があり、その端に沈殿物がゆっくりとたまっていくことで端が塩水から浮かび上がっていると考えられた。一九世紀半ばには、海洋は「偉大なる海の渓谷…険しく、雄大で、立派な場所。固体地球の肋骨そのもの」(1)と想像されていた。

一九一〇年、大陸がかつてつながっていたという考えが持ち上がった。しかしこの理論は、世界で最も著名な地質学者のひとりが「たわごと」と切り捨てたことにより、すぐに葬り去られる。海底の謎について考える人々は、皆この学者に同調した。そう、マリー・サープ以外は。一九五二年、彼女が研究パートナーに大陸がつながっていた可能性について話をもちかけたとき、大陸移動説をよみがえらせることは「異端科学の一形態」(2)だった。この提言は好意的に受けられることはなかった。二人は論争し、サープは譲らなかった。サープの同僚である地質学者のブルース・ヘーゼンは、それを「ガールトーク(女のおしゃべり)」(3)と軽視した。議論は数年後に持ち越されることになった。

サープは一九四八年からずっと海底の地図を作るためにヘーゼンとともに調査していた。それ以前は、彼女はころころと研究対象を変えていた。しかし決定を下す前に山のようにデータを取り込むのが、彼女の流儀だった。

サープはミシガン州イプシランティで生まれた。父は米国農務省のために土壌調査図を作成しており、父が新しい土地に転任するたびにサープもついていった。ひんぱんな引っ越しのせいで、サープは高校を卒業するまでに二〇近くの学校に通うことになった。父はときどき娘を土壌図作成の旅に同行させた。「私が地図作りをしているのは血筋だと思います」(4)とサープは語る。彼女は三つの大学で学位を取得した。オハイオ大学では英文学と音楽の二科目を専攻し(副専攻は四科目)、ミシガン大学では地質学の学位を、タルサ大学で数学の学位を取得した。サープにはさまざまな就職チャンスがあったが、わくわくするような仕事はなかった。彼女は石油会社で働くことは「地獄のように退屈」(5)だと思ったが、目を細めて顕微鏡を覗くことに一日を費やすのは気乗りしなかったし、恐竜の発掘にどれくらい時間がかかるかを考えてうんざりした。

サープは自らの好奇心を絶やさないために、こんなジョークを言った。自分が必要としているのは「世界の歴史の中でただ一度しかないチャンス」(6)なのだと。彼女は三〇歳になる前にそれを得ることになった。コロンビア大学に雇用されてから二年もしないうちに、海底地図を作成するために常勤でヘーゼンと研究するようになっていた。

サープとヘーゼンは当初、米海軍のデータセットをもとに作業した。第二次世界大戦中の軍艦には、海底からのエコーを測定する機器が装備されていた。船舶が音波を下向きに発射すると、レコード針のように針が紙の上を横断する。ソナー音が戻ってくると、針は電気の火花で紙を焼け焦がして穴を作り、海底の深さを示す。記録処理は継続的に行われ、当時得られる中でも最大の海底深度測定データをヘーゼンとサープに提供した。この技術には少しばかり問題があった。兵士が船の冷蔵庫を開けると電力が遮断され、合わせて機器の正確な測定機能も止まる。「これが起きるとエコーは戻ってきません。水深測定器は乗組員の食欲と同じくらい、底なしの深さを記録してしまいます」(7)とサープは語った。

一九五二年までに、研究チームは数万回分の測定値を収集した。大海の一滴だ。これだけの数値があっても、海底の大部分は未知のままだった。

ヘーゼンはデータを収集し、サープはそれを地図にまとめた。ニューヨーク州パリセードにあるコロンビア大学ラモント地質観測所に設置された製図台を使って、サープは水深の測量値をまとめた三次元地図を作成した。彼女は海底に何もないことが最も明白な部分に、かなり大きな凡例を配置した。

一方、ベル研究所で並行して行われていたプロジェクトで、ヘーゼンはボストンの美術大学院生を雇い、水中地震の震央の図面を描かせた。ベル研究所の海底ケーブルを破断した流れが起きた場所をより正確に知りたいと考えたのである。ヘーゼンは、サープの海底地図と同じ縮尺で制作するよう学生に要求した。

サープと地震芸術家は、ライトテーブルのスイッチを入れた。サープがまず海底地図を置き、その上に美術大学院生が地震地図を重ねる。一緒にすると、二つの地図は信じがたいものを明らかにした。フルートのキーのように、震源は大西洋中央海嶺に沿って並んでいた。

つまり、こういうことである。大陸移動説は正しかったのだ。ヘーゼンがサープの言い分を信じるまでには、あと二年かかることになる。

一九五九年、大陸移動説はジャック・クストーのおかげで一気に大きな注目を集めることになった。クストーはほとんどの人と同様に大陸移動説の支持者ではなかった。しかし好奇心が強く、大西洋中央海嶺まで航海してカメラをそりに乗せ、海底の近くでそれを引きずった。「彼は一九五九年にニューヨークで開催された第一回国際海洋学会議で、青い海の中の大きな黒い崖を撮影した美しい映像を披露したんです」とサープ氏は回想する。「その映像のおかげで、私たちが主張する地溝帯を多くの人々が信じてくれました」(8)

しかしヘーゼンは頑固だった。サープとヘーゼンは地図用の文鎮を投げ、ゴミ箱を蹴る壮絶な論争を繰り広げた。二人の近しさは家族同然だった。他の人々に対しては、二人は共同戦線を張った。最終的にヘーゼンは意見を変えたが、ヘーゼンの上司は同意しなかった。ヘーゼンの上司は二人が出した結論に激怒するあまり、サープを解雇し、終身在職権のあるヘーゼンには自分の仕事の遂行に刻苦勉励するよう念押しした。

製図台がなくてもサープはサープだった。彼女は公的な職を失った後でさえ、自宅で研究し、敵対する元同僚たちから身を守るためにインキーと名付けた番犬を飼い始めた。幸いなことに、ヘーゼンは海底探査を続けられるようサープと関係を保ち続けた。自宅待機を告げられてから数年たって、ようやくサープにプロジェクトの調査船の乗船許可が下りた。

地球の七〇%を占める海底をマッピングしたヘーゼンとサープのパートナーシップは、地球物理学の分野を完全に変えた。このことについて、サープ自身は次のように語っている。「世界全体にわたって六万キロにもおよぶ地溝帯と中央海嶺の存在を確証すること――これは重要な仕事でした。この仕事は一度きりしかできません。少なくとも地球上で、これより大きな仕事を見つけることはできません」(9)

引用文献

(1) "Ocean Explorer: Soundings, Sea-Bottom, and Geophysics." National Oceanic and Atmospheric Administration. http://oceanexplorer.noaa.gov/history/quotes/soundings/soundings.html, accessed September 10, 2014.
(2) Marie Tharp. "Connect the Dots: Mapping the Seafloor and Discovering the Mid-Ocean Ridge." In *Lamont-Doherty Earth Observatory of Columbia: Twelve Perspectives on the First Fifty Years 1949–1999*, edited by Laurence Lippsett. Palisades, NY: Lamont-Doherty Earth Observatory of Columbia University, 1999.
(3) Ibid.
(4) Ibid.
(5) Hali Felt, *Soundings: The Story of the Remarkable Woman Who Mapped the Ocean Floor.* New York: Henry Holt, 2012.
(6) Ibid.
(7) Ibid.
(8) Ibid.
(9) Ibid.

イボンヌ・ブリル

Ivonne Brill

1924-2013

工学者・カナダ人

イボンヌ・ブリルは高校時代、物理学の教師から女は大物になれないと告げられた。マニトバ大学では、工学部は女子の入学を認めていないと宣告された。その後、ある同僚が彼女に、男性と同じように昇進するには二倍働くつもりでなければいけないよと伝えた。これはもちろん、彼女が同時代で最も重要なロケット科学者の一人として認識される前のお話である。後年のブリルは、こうした昔の話を語って、彼女に大志を果たす能力があると信頼していた人の温かな笑いを誘ったものだ。そしていったんブリルがある考えを固めると、それを追いやることができる者は誰もいなかった。

ブリルが四歳のとき、アメリア・イアハートが大西洋の単独横断飛行をなしとげた最初の女性になった。幼いブリルにとって、飛行を通じて自由を手に入れることは特別なことにみえた。カナダのマニトバ州で、高校を出ていないベルギー移民の両親の三人兄弟の末っ子として育つ中で見たものとは、まるで違っていた。しかしそれはどうでもいいことだった。飛行機を操縦するヒロインは、自分とはかけ離れた場所にいる存在で、まねをするには特別すぎると証明するのに十分だった。

一〇歳のとき、彼女は路面電車でマニトバ大学の横を通り過ぎ、この大学に入学しようと心に決めた。マニトバ大学が工学部に女性が入学することを認めていないらしい件は？　それはさておき、ブリルは大学に入学した。数学と化学を専攻して二〇歳で卒業する頃には、ブリルはクラストップの成績をとっていた。卒業後すぐに、ブリルはロサンゼルスへの片道切符を確保した。後にブリルは、「本当のところ、両親とは話し合っていないんです」とインタビューで笑いながら語った。「私はただ先に行って、すべての書類をまとめて残していきました」(1)

ブリルは昼間はダグラス・エアクラフト社で数学者として働き、アメリカ初の人工衛星の設計に関わった。夜間は化学の修士号を取るため、南カリフォルニア大学に通った。ブリルは一九四〇年代に米国でロケット科学に携わっていた唯一の女性だと考えられていた。ブリルは数年間、計算尺のみを用いて多段ロケットの各段のサイズごとの弾道を計算したりといった数学作業に従事した。その後ブリルは、ダグラス・エアクラフト社での仕事が純然たる理論的作業ばかりであることにいてもたってもいられなくなった。自分の製品が実際に飛び立つところが見たくなったのだ。しかしそうするには、専門を変える必要があった。ブリルはすでに大学院の学位を取得していた化学でのキャリアを考えていたが、最終的にそれはあきらめることにした。化学分野には、根深い女性差別があったからである。「そこに疑いの余地はまったくありませんでしたね」と、全米女性技術者団体のインタビューに答えて彼女は振り返る。「一方で工学の人々は、工学に従事する個人として、女性の進歩を妨げる規則を作ろうとはしませんでした。というのも、それはあまりに面倒だったからです」(2)。彼女は専門を切り替えた。

ブリルは東海岸に移る前に、南カリフォルニアの化学技術者として働き、そこでターボジェットエンジンのサイクルと化学製品の性能計算に取り組んだ。当時、彼女が「猫の鳴き声」(3)と呼んでいた電気推進システムは新しい技術で、化学推進システムよりも一〇〇倍強力だった。しかし、まだ多くのことを学ぶ必要があった。

ブリルは特別で決定的な瞬間——人工衛星が軌道に乗るときに起きること——について考え始めた。グリーンでラインを読むゴルファーのように、衛星は一度軌道に乗ったあとで、ときおり微調整を行う必要があった。当時の化学推進システムは複雑すぎ、電気推進システムは電力を食いすぎた。

数年前、ブリルはドイツのロケットを研究し、化学推進システムの可能性に魅了されるようになった。それで彼女は手始めに、「化学推進システムの性能を調べ、より高性能な燃料を得るために周期表のどの領域に重点をおけばいいかを決定すること」(4)から始めた。本業が忙しすぎて、勤務時間中は情熱をかけたプロジェクトに打ち込むことができなかったブリルは、週末や深夜をその時間に充てた。鉛筆と黄色のメモ帳、そして計算尺を手に、キッチンテーブルのそばにしゃがみ込んで研究を続けた。さまざまな条件の下で生産されたアンモニア、水素、窒素を分析したのちに、ついにブリルは何らかの発見に到達できそうだと確信し、研究内容をチェックできる技能の持ち主を募集した。「自分の仕事をよりよい意見にさらすことはちっとも恐くありませんでした。私が採用すべきだと思うような意見、優れて技術的な意見、人によっては少々型破りだと考えるかもしれない意見…そのような意見をぶつけられても、自分が技術的に正しいと知っている限り、もしくは技術的に正しい道にいると自分を信じられるかぎり、それらの意見を推し進めていくつもりでした」(5)。彼女が発見したものは、燃料効率の良い化学推進スラスタだった。それは人工衛星の積載量を増やし、より長い時間軌道に留まることを助けるものだった。

彼女の電気加熱式ヒドラジンスラスタは、彼女が亡くなった二〇一三年においても現役で人工衛星に使われていた。それはロケット科学におけるブリルの貢献の中で最も知られたものだったかもしれないが、彼女の業績は決してこれだけにとどまらなかった。米国とイギリスで築いたキャリアにおいて、ブリルはアメリカを月に連れて行ったNOVAロケット、初の気象衛星、超高層大気に位置する初の人工衛星、火星探査機マーズ・オブザーバー、スペースシャトルのエンジンに携わった。こうした業績を称え、彼女は全米女性技術者団体よりレズニック・チャレンジャー・メダルを、アメリカ航空宇宙学会（AIAA）からワイルド推進賞を、そのほかアメリカ国家技術賞などを授与された。「彼女は、アメリカの航空宇宙工学および航空宇宙システム開発があるべき最良の姿を象徴する存在です。その先駆的な精神はシステム全体の未来がどうあるべきかという明確なビジョンに連動し、そのビジョンを実現するために必要な独創性と天才性を備えています」(6)とは、二〇一三年にAIAAのマイク・グリフィン会長が贈った言葉である。

ブリルは全米女性技術者団体と一緒に、何十年も女性が数学と科学に参画することを奨励するとともに、女性エンジニアに正当な評価が下されるよう研究機関に働きかけた。同団体はお返しに、当時一般的とはいえなかったキャリアを苦心して築き上げた女性だけのネットワークにブリルがアクセスすることを許可した。
ブリルが講演で好んで話していたエピソードがある。当時彼女が働いていたＲＣＡに来た他の会社からの訪問者についての話だ。訪問者はプレゼンテーションの最中、同社には何人の推進技術者が働いているかを尋ねた。ブリルが唯一の推進技術者だった。訪問者は震えあがり、彼の会社は七五人を雇っていると説明した。その時急に、ＲＣＡのプログラムマネージャーが割り込んできた。「我々は量ではなく、質を信頼しているんです」(7)

引用文献

（1）Deborah Rice, “Interview with Yvonne Brill on November 3, 2005.” Society of Women Engineers. http://www.djgcreate.com/swe/joomla/images/stories/brill/BRILLBRILL.pdf, accessed October 26, 2013.

（2）Ibid.

（3）Ibid.

（4）Ibid.

（5）Ibid.

（6）American Institute of Aeronautics and Astronautics. “AIAA Mourns the Death of Honorary Fellow Yvonne C. Brill.” https://www.aiaa.org/SecondaryTwoColumn.aspx?id=16827, accessed December 11, 2013.

（7）Deborah Rice, “Interview with Yvonne Brill on November 3, 2005.” Society of Women Engineers. http://www.djgcreate.com/swe/joomla/images/stories/brill/BRILLBRILL.pdf, accessed October 26, 2013.

サリー・ライド

Sally Ride

1951-2012

天体物理学者・アメリカ人

サリー・ライドは、アメリカで最初の女性宇宙飛行士になる前に、スタンフォード大学で天体物理学の博士号を取得し、NASAで五年間の宇宙飛行士訓練を受けた。海軍のテストパイロットは、上空三九〇〇〇フィートを時速六〇〇マイルで飛ぶという臓腑がひっくりかえりそうなフライトに彼女を乗せた(フライトインストラクターは、ライドを「今まで乗せた中で最高の学生」と呼んでいる)。ライドは、空から人工衛星を回収するために使われる四〇〇キログラム以上のロボットアームを操縦する専門家になった。ライドは、コントロールパネルのスイッチや回路を難なく使いこなせるようになり、オービター［スペースシャトル本体部分］のコントロールパネルの一八〇〇個は下らないスイッチ類の扱いも学んだ。ライドは特殊な能力を集中的に鍛える長期間の訓練に耐えた。宇宙飛行士になっていなかったら、ライドはプロのテニス選手やノーベル賞受賞者になっていただろう。どちらもありえた未来だったが、ライドはたった一度きりの人生において、八〇七九人の宇宙飛行士志願者の頂点に立った。ライドは大望を抱いた科学者で、一九八三年のミッションが発表されるやいなや、すぐ大騒ぎになった。

ライドは雑誌の表紙を飾り、トークショーのオープニングゲストとして出演した。NASAは何年もの間、不可能なハードルを掲げて女性の進出を拒んでいたが（これは冗談ではなく、女性と有色人種を雇用するNASAの機会均等プログラムは「ほぼ大失敗」だったと一九七三年にその当事者によってまとめられている）、ライドは性別は志願者集団からはじき出されるような特性ではないという生き証人となった。

ライドは宇宙飛行士の訓練をやすやすとこなした。メディアからのばかげた質問攻撃をうまく切り抜けることのほうが難しかった。無重力でブラジャーを着ける？ 着けない？ 失敗で泣いた？ ライドの性別が宇宙飛行にもたらす影響についての質問は、いくらか気の抜けた話し方で、決まって次のように答えることにした。「おそらく私も、NASA宇宙飛行士室のほかの方々と同じく、冷静さを持ち合わせています」(1)。もしくは、記者にこんな風にくぎを刺すこともあった。「大いなる無重力のもとでは、皆平等です」(2)

ライドは冷静だった。一九八三年の初めての打ち上げ日の朝、彼女が興奮にのみこまれないようにとった戦略は、機械的な義務であるかのように準備に取り掛かることだった。宇宙飛行士サリー・ライドは、たとえ究極のスリルを味わうことがわかっていたとしても、感情を抑えるコツを身に付けていた。記者たちに「なぜ宇宙に行きたいのですか？」「地球を振り返ってみてどうでしたか？」と聞かれたときも、ライドの答えは時に淡々としていた。「私は宇宙にいくことを夢見ていたわけではありませんでした」「なぜ応募したのかわかりません」「地球を振り返ってみてどうだったかも説明できません」。宇宙からの眺めについて語ることは、彼女が見たものを雄弁に物語る写真を眺めることと同じではなかった。少なくとも当初はそうだった。

ライドは、仕事を習得したりテキストを暗記したりといった具体的な行為のほうが得意だった。スタンフォード大学の学部生時代、英文学と物理の両方を専攻しながら、ライドはダブルスを組むテニスパートナーとともに、うろおぼえのシェイクスピアのセリフの引用でどちらのほうがとぎれなく会話できるかを遊び半分で競い合った。修士、博士と進むにつれ、ライドは物理学の指導教官の言葉を思い返した。「へぇ!! 物理学専攻の女の子だって! 私は君みたいな女の子に会えるのをずっと待っていたんだよ――そんな子、何年も見てないからね!」[3]。こんなやりとりがその後もついてまわったように、彼女はオンリーワンだった。

ライドはスペースシャトルに二回搭乗した。茶色い巻き毛を光輪のようにふんわり広げ、カシューナッツの袋をつかみながらキャビンに浮かぶライドの写真は、科学に夢中な女の子に大きな希望を与えた。彼女の存在に感動して涙ぐむ崇拝者もいれば、行動に駆り立てられる人々も現れた。

大学生向け学資援助サービスが将来を夢見ている宇宙服姿の男の子を広告に打ち出したとき、ライドの父は企業に手紙を送り、強い口調で「我々の社会が（おそらくは）無意識のうちにもっている偏見」[4]について苦情を申し立てた。「米国初の女性宇宙飛行士の親として、女の子も数学や科学を志向するということをこの目で見てきました。私たち大人は、女の子がアメリカの未来を切り開くよう励ますべきです」

ライドは、宇宙に飛び出した最初の女性というだけではなかった。彼女は欠くべからざる理性の声としての役割を、ＮＡＳＡがそれを最も必要としているときに果たした。それも二回も。

一九八六年一月二八日、スペースシャトル・チャレンジャー号は、発射から七三秒で爆発した。この事故により、ライドの同僚七名が死亡した。それまでずっと、宇宙飛行は大きな夢だった。しかしNASAは矢継ぎ早にミッションを遂行しようとするあまり、安全をないがしろにして生命を犠牲にしたのだ。NASAは事故の原因と、それを改善する方法を解明する必要があった。

事故を再調査するため大統領委員会のメンバーに呼ばれた一三人のうち、ライドだけがNASA現役の代表者だった。彼女は、NASAの過失に関するきわめて衝撃的な情報の一部を収集する役割も担った。ライドは勤め先の責任追及に手を貸したのである。報告書は、NASAがあまりに多くの宇宙飛行を強行する中で、気象条件が宇宙飛行士を危険にさらすおそれがあるという警告を無視したのであり、人類を宇宙に送り込むことに関して完全に思慮に欠けていたと結論づけた。ノーベル賞を受賞した物理学者で、同委員会のメンバーでもあったリチャード・ファインマンは、NASAの過密な飛行スケジュールはロシアンルーレットのようなものだったと断言している。ライドは記者に対し、現時点で次の宇宙飛行に乗り込むのは安全とは感じられないと語った。

チャレンジャー号が爆発したことで、NASAの再編成が終わるまでスペースシャトル打ち上げ計画は二年間中断した。NASAはより厳格な安全対策を講じて、国民の信頼を取り戻す計画を策定する必要があった。それとともに、NASAの再建を進めるミッションの種類について重要な決定を下さなければならない。NASAはミッション提案リストを刷新する作業をライドに任せた。

一年もの間、ライドはNASAの若手職員たちを何人か指名して、NASAの次なる計画についてブレインストーミングした。ライドは最終報告書で、四つの提案を比較検討した。人類の火星到達、太陽系の探索、月面での宇宙ステーション建設、そしてライドが最も熱心に推奨したのは、ミッション・トゥ・プラネット・アースの計画だった。NASAの内部では、想像力をかきたてるビッグ・プロジェクトが支持されていた。長年NASAに勤めて重鎮となった乗務員たちは、火星へのミッションを求めた。しかしライドは、地球にとってより有益な取り組みを強く訴えた。ミッション・トゥ・プラネット・アースの目標は、地球全体を一つのシステムとして理解するために、宇宙開発技術を利用することだった。それには、人工物および自然の変化が地球環境におよぼす影響を研究する必要があった。「この構想は」とライドは書いた。「今後数十年で人類が直面するであろう問題に正面から取り組むものだ。科学がこうした問題への回答を出し続けることは、地球上の生き物すべてにとって大いに意義深い結果をもたらす」(5)。米国上院通商科学運輸委員会の会議では、一人の上院議員が、あなたが提出したミッションはどうすれば「出来のいい天気予報」(6)以上のものになるのか証明してほしいとライドに求めた。会議が終わると、同じ上院議員が彼女の構想について熱く語り出した。「この委員会でかなり長いことやってきたが、その中でも一番挑戦的で面白いコンセプトだ」

ようやくライドは、宇宙から地球を眺めることについての例の質問に答えられるようになった。彼女が天体物理学者の目で見た地球は、もろくはかない惑星だった。ライドが遺したなかで最も偉大な仕事は、地球には保護を試みる価値があることをNASAに受け入れさせたことである。

引用文献

（1） Cody Knipfer, "Sally Ride and Valentina Tereshkova: Changing the Course of Human Space Exploration." NASA. http://www.nasa.gov/topics/history/features/ride_anniversary.html#.VDwXddR4pfF, accessed August, 30, 2014.

（2） "An Interview with Sally Ride." *Nova* PBS. https://www.youtube.com/watch?v=yb6vw9AmiLs, accessed August 30, 2014.

（3） Lynn Sherr, *Sally Ride: America's First Woman in Space*. New York: Simon & Schuster, 2014.

（4） Ibid.

（5） Sally Ride, *NASA: Leadership and America's Future in Space*, August 1987.

（6） Lynn Sherr, *Sally Ride: America's First Woman in Space*. New York: Simon & Schuster, 2014.

数学とテクノロジー
MATH AND TECHNOLOGY

マリア・ガエターナ・アニェージ
Maria Gaetana Agnesi
1718-1799
数学者・イタリア人

マリア・ガエターナ・アニェージは神童だった。イタリアを訪れた学者たちがミラノのアニェージの自宅に立ち寄った際、父はアニェージを呼んで彼らを楽しませた。アニェージは長いラテン語のスピーチを暗唱したり、哲学や科学に関する議論に参加してそれを生業としている男性たちとやり合うことを期待された。古代ローマの雄弁家キケロの手紙、叙事詩人ウェルギリウスの詩、『ラテン語速習法』などの書物に囲まれて育ったアニェージは、二一人きょうだいの最年長で、父の立身出世を支えることをしばしば求められていたのである。優れたハープシコード奏者で作曲家でもある妹も同じく、その非凡な才能で訪問者に好印象を与えるために呼び出された。

アニェージは二一歳になったとき、こうした見世物への参加は、厳密には強制ではないのだと気づいた。彼女は父に、自身の将来について異なるプランを持っていることを打ち明けた。アニェージは修道院に行きたかったのである。この告知は、彼女が学問的野心を大々的に見せつけた直後になされた。アニェージは二〇〇項目からなる文書の中で、すでに主張したものに加え、自分が公的に主張可能なテーマをリストアップしたのである。しかしアニェージは父の社会的利益のために自分の知性をひけらかすことに恥じらいを感じ、うんざりしていた。神に我が身をゆだねたいと思った。

父はこの考えにあまり乗り気ではなかった。娘は並外れた頭脳を持っているし、自分は娘が頭を使うのが好きだ。父と娘は協定を結ぶことにした。アニェージが数学研究を続けることに同意するならば、自宅で好きなだけ慈善活動をしてもよい。見世物にすることも止めてやろう。

遅咲きの数学者であるアニェージは、一〇代後半になってようやく数学を真剣に学び始めた。多くの学術研究と同様に、彼女はたちまち数学に没頭するようになった。アニェージはミラノで誰よりも早く、地球儀と製図機器に囲まれてひたむきに微積分を研究した。

おそらくアニェージは自分の知識を弟妹に教える手段として、次のプロジェクトに手をつけたと思われる。あるいは、数学の解説が個々の分野や単発の本ごとに小出しにまとめられているのがいかに厄介であるかを実感していたのかもしれない。教育を受けるには、これらの散らばった数学の教材を全てそろえ、知識の間隙を埋めるために家庭教師を雇う必要があった。いずれにしろ、アニェージは代数、幾何学、微積分を包括する総合的な教科書の必要性を感じていたので、執筆することにしたのである。

やるからにはとことんやる。それがアニェージ流だった。プロジェクトに挑戦することを決めた以上、大作になるのは必然だった。一七四八年、アニェージは全二巻、一〇二〇ページの『解析学(Instruzioni Analitiche)』を出版した。これは女性による最初の数学書とされている。自宅には父が持ち込んだ印刷機があったので、アニェージは自著の植字を監督し、自分の式が正確に表現されているかを確認することができた。特に大きすぎる方程式がページの最終行で見切れてしまった場合は、長い紙に印刷し、折りたたんで通常ページと同じサイズになるようにした。

アニェージは母語であるミラノ方言ではなく、のちに現代イタリア語になるトスカーナ方言で同書を執筆した。学者の言語であり、自身がよく知っているラテン語よりもイタリア語を選んだことで、当初から学生に向けて執筆したテキストだと思われる。『解析学』は、数世代にわたってイタリア人学生に包括的で確かな数学教育を提供した。

英国では、同書の評判と海外での影響を聞き及んだケンブリッジ大学のジョン・コルソン教授が、イギリス人学生も早急に同じ情報にアクセスする必要があると感じていた。コルソンは高齢だったため、アニェージのテキストを翻訳するために大急ぎでイタリア語を勉強した。コルソンは一七六〇年に亡くなったが、その時点で翻訳原稿は未刊行だった。『解析学』の英語訳は、編集・指導を担当した教区牧師のおかげで、一八〇一年にようやく出版された。

二五〇年以上経ってなおも、アニェージの名前は微積分の教科書に登場し続けている。球体の上をゆるやかな丘のように転がる曲線に、彼女の名前が使われているのだ。彼女は当時その曲線の発見者だと思われていたが、発見した最初の人物ではなかった。数学史家が、アニェージ以前にそれを主張していた人を見つけたのである。その曲線はこう呼ばれている。「アニェージの魔女」と。実はこの名称は、誤訳の産物である。『解析学』で、アニェージはその三次曲線を「versiera」と呼んだ。これは「あらゆる方向に向きを変える」という意味である。コルソンはこの単語を、「versicra」（イタリア語で「魔女」の意味）として翻訳したのだ。

同書が初めて出版されたとき、アニェージは多くの称賛を受けた。献本した女帝マリア・テレジアからは、ダイヤモンドの指輪と宝石をちりばめた小箱を贈られている。定期的にアニェージと文通していたローマ教皇ベネディクトゥス一四世は、彼女をボローニャ大学の教授に推薦した。彼女はこの推薦を断っている。

一七五二年、アニェージが三四歳のときに父が死亡し、彼女はついに自由の身になった。彼女は残りの人生を貧しい人々に捧げるため、全ての遺産を寄付し、数学およびその他の学問を追求することを一切やめた。アニェージは自身が運営していた救貧院の一つで、一七九九年に永眠した。

アニェージの数学的貢献、そして人々に与えるために費やした何十年もの時間を理由に、故郷の町が彼女に聖人の身分を与えるよう求めたこともある。しかしアニェージが遺した最も偉大なものは、「魔女」だった。

エイダ・ラブレス

Ada Lovelace

1815-1852

数学者・イギリス人

エイダ・ラブレス（旧姓オーガスタ・バイロン）は自身の仕事で名を成す前に、よく知られていた名前をつけられた。父は英国ロマン派詩人の問題児、バイロン卿である。彼の叙事詩のような気分変動に打ち勝てるのは、一連の恋愛スキャンダルだけだった。女性のみならず男性とも情事を重ね、異母姉も恋愛の対象だった。幼いラブレスの母はうんざりした。ラブレスが生まれて一カ月後に、母は赤ちゃんを連れて結婚を解消した。バイロン卿はイギリスを去り、決して帰ってこなかった。

一緒に暮らした時間は短かったものの、バイロン卿はラブレスの養育において存在感を示した——反面教師として。母はエイダが抒情的になりすぎることを心配して、文法、算数、綴り方といった実用的な教育を我が子に課した。ラブレスが麻疹にかかったときは寝たきりにさせられ、起き上がって座ることを許されたのは一日三〇分のみだった。いかなる衝動的な行動もきちょうめんに正された。

躾は厳しかったかもしれないが、ラブレスの母は娘にしっかりした教育を授けた。この教育は、ラブレスが数学者チャールズ・バベッジに紹介されたときに報われることになった。二人の出会いは、ラブレスがロンドンで「シーズン」を過ごしていた時期の出来事である。「シーズン」とは、妙齢の貴婦人が未来の求婚者を惹き付けるためにあちこち連れまわされる時期のことだ。一八三三年にラブレスと知り合ったとき、バベッジは四一歳だった。二人は意気投合した。バベッジは多くの人々にしたのと同じように、彼女にも誘いをかけた。私の階差機関を見に来てください、と。

バベッジの階差機関は、重さ二トン、四〇〇〇個もの部品を備えた手回し計算機で、時間がかかる数学的作業を迅速に処理するために設計されたものだった。ラブレスはたちまちその機械と考案者に惹きつけられた。彼女はバベッジと仕事をする方法を見つけたいと思い、実行に移した。

ラブレスはまず、教育という口実で彼に近づこうとした。数学の家庭教師を求めていたラブレスは、一八三九年に自分を生徒にしてくれるようバベッジに頼んだ。二人の意志は一致したが、バベッジは話にのらなかった。彼は自分のプロジェクトで大忙しだったのである。なにしろバベッジは、産業の効率化と手作業の自動化によって、単純作業から労働者を解放しうる機械を夢見ていたのだから。

母はラブレスから父の影響を排除しようとやっきになっていたかもしれないが、ラブレスが大人にさしかかると、彼女の中のバイロンの血が騒ぎ始めた。ラブレスは長い鬱状態の後に、発作的に上機嫌になった。彼女は熱を込めたハープ練習と四次方程式の集中学習との間を行ったり来たりした。そのうち彼女は母親が課した行動の制約を振り払い、自分を楽しませてくれるものに専念するようになった。その間もずっと、ラブレスは間断なく手紙を出し続けた。いたずら心が顔を出し、バベッジへの手紙には「あなたの妖精より」と署名した。

一方バベッジは、もう一つのプロジェクトである解析機関という言葉を広め始めていた。解析機関は、プログラムで制御できる野獣のような機械で、何段にも重ねられて回転する数千のはめ歯歯車で動く。解析機関は理論上の存在にすぎなかったが、計画ではバベッジ自身の階差機関を含め、既存の計算機の性能をはるかに上回るものになっていた。イタリアのトリノで著名な哲学者や科学者の聴衆に向けて連続講演を行ったバベッジは、この先見性のあるアイデアを披露した。バベッジは参加していたイタリア人技術者を説得して、講演を文書化させた。この講義録は、一八四二年にスイスの雑誌に掲載され、フランス語で出版された。

初めて会ってから一〇年たっても、ラブレスはバベッジの考えの信奉者であり続けた。このスイスの刊行物を目にしたラブレスは、支援を申し出るいいチャンスだと考えた。バベッジの解析機関はたくさんの人に知られる価値のあるものだったし、ラブレスがこの記事を英語に翻訳することで、より多くの人の目に触れさせることができるとわかっていたからだ。

バベッジに近づくために講じた次なる手段は、ラブレスの最も重要な仕事となった。ラブレスはこの記事から土台のテキスト（約八〇〇〇語）を抜き出して、注釈を付け加えた。注釈は解析機関とそれに先行するものを丁寧に比較し、将来果たすであろう役割を説明するものだった。他の計算機が所有者の知性を再現して計算するとすれば、解析機関は所有者の知識を増幅する。データを保存し、そのデータの処理をプログラムすることができる。ラブレスは解析機関を最大限に活用することは、所有者の関心に合わせた指示を設計するということだと指摘した。プログラミングは大いに役立つだろう。彼女はまた、解析機関は数字以上のものを処理する可能性があると考え、「解析機関ならどこまでも複雑で終わりのない、緻密で科学的な音楽を作曲できるかもしれない」(1)ことを示唆した。ラブレスは激しやすい想像力を抑えつつ、解析機関の限界も解説し(「解析に従うことはできるが、いかなる解析関係も真実も予期する力はない」(2))、その強みを例を挙げて示した(「ジャガード織機が草花の模様を織るように、解析機関は代数的パターンを織り上げる」(3))。

ラブレスの注釈の中でもっとも特筆すべきは、注「G」と呼ばれる部分である。ここで彼女は、パンチカードを利用したアルゴリズムでベルヌーイ数と呼ばれる特殊な有理数の数列を出力する方法を解説した。解析機関にベルヌーイ数を出力させる方法についてのラブレスの解説は、世界最初のコンピュータプログラムとみなされている。単なる翻訳として始まったものが、バベッジ研究者の一人が指摘するように、「現代以前のデジタルコンピューティングの歴史における最も重要な論文」(4)となったのである。

バベッジは、注釈作業にいそしんでいるラブレスと往復書簡を交わした。ラブレスは注釈に助けや説明が必要な箇所があると、バベッジに注釈を送って意見を求め、彼はそれに答えた。研究者の間では、バベッジがラブレスの注釈に与えた影響の度合いについて意見が割れている。ラブレスの言葉の背後にはバベッジの思考があると考える者もいれば、ジャーナリストのスワ・チャーマン＝アンダーソンのように、ラブレスを「最初の〝女性〟コンピュータプログラマーではなく、最初のコンピュータープログラマー」(5)と呼ぶ人もいる。

ラブレスは自分の仕事を守った。時に激しく。バベッジが加えた編集の一つに対し、彼女は毅然と返信した。「あなたが私の注を書き換えたことにとても腹を立てています。…他の方が私の文章に手を入れるなんて耐えられません」(6)。彼女はまた、自分の能力に強い自信を持っていた。彼女はある手紙でこう打ち明けた。「私の脳は普通の人間のものとは違います…一〇年が過ぎる前に、ただの人間の唇や脳ではできないようなやり方で、宇宙の謎から活力の源を吸い取らなければ、悪魔にとりつかれてしまうでしょう」(7)

参考までに、バベッジ自身はラブレスの貢献について熱烈な賛辞を贈っている。「これらすべてを直観で知ることは不可能です。あなたの注釈を読めば読むほど、驚きはますます募ります。最も気高い金属をこれほど豊かに含む鉱脈を、早く探索しなかったことを後悔するほどです」(8)

アメリカ国防総省は、あるプログラミング言語の名前を、彼女にちなんで「エイダ」と名付けた。「エイダ・ラブレス・デイ」は、科学・技術・工学・数学分野における女性の目覚ましい業績を祝福する日だ。「エイダ・ラブレス・エディタソン」は、科学において業績が称賛されていない、もしくは別の人の業績にされてしまっている女性についてのオンライン記事を増やすことを目的とした毎年恒例のイベントである。現代においてラブレスの名前が挙げられるとき、それは単なる賛辞にとどまらない。女性たちに対する科学への参戦要請なのだ。

引用文献

(1) L. F. Menabrea, "Sketch of the Analytical Engine Invented by Charles Babbage, Esq.," trans. Augusta Ada Byron King, Countess of Lovelace, *Scientific Memoirs*, 1843.

(2) Ibid.

(3) Ibid.

(4) Allen G. Bromley. "Introduction." In H. P. Babbage, Volume 2: Babbage's Calculating Engines. Cambridge, MA: MIT Press, 1984. As cited in Ronald K. Smeltzer, Robert J. Ruben, and Paulette Rose, *Extraordinary Women in Science & Medicine: Four Centuries of Achievement*. New York: Grolier Club, 2013.

(5) Suw Charman-Anderson, "Ada Lovelace: Victorian Computing Visionary." Finding Ada. http://findingada.com/book/ada-lovelace-victorian-computing-visionary/, accessed August 29, 2014.

(6) Dorothy Stein, *Ada: A Life and Legacy*. Cambridge, MA: MIT Press, 1985.

(7) Ibid.

(8) Ibid.

フロレンス・ナイチンゲール

Florence Nightingale

1820-1910

統計学者・イギリス人

色分けされ、「図表」というラベルが貼られたページに、フロレンス・ナイチンゲールは精密な円形のグラフを描いた。二つに分けられたそのグラフは、重なった同心円がくし形にスライスされ、ダーツの的のように見える。切り分けられたスライスには時計のようにラベルが付けられた。数字の代わりに、始まりの正午にあたる部分は七月、一時にあたる部分は八月というように、月名が書かれた。同心円の輪にはそれぞれ、最小の輪には100、二番目に小さい輪には200、最も外側にある円には300と数字が記された。

グラフの色付き部分は、クリミア戦争における一八五四年四月から一八五五年三月までの英国陸軍病院の死者数を示している。七月には、明るい緑色の領域（感染症）が最高でも150をちょうど上回るくらいのところにある。寒くなるにつれ死者数は増え、緑色の領域は外側の輪をはるかにこえ、ページからあふれて飛び出している。このグラフは、外傷による死者数が五〇人未満であったことを示している。同じ月の病死者数は一〇二三人である。

ナイチンゲールは看護の代名詞だ。「ランプの婦人」であり、真夜中に病気で苦しむ兵士を回診する思いやり深い介護者である。彼女は野戦病院の状況がどれほど非人道的であるかを認識し、患者のニーズに基づいて基準を改善するためにロビー活動を行った。これは現代看護の基礎となる重要な仕事だったが、ナイチンゲールがなした大規模な公衆衛生問題の統計的分析も、同じくらい影響力があったことはほぼ間違いない。事実上、データ収集の手段を設計する際に彼女が開発した指針や、彼女が打ち出したデータ解析とデータ準備の方法は、エビデンスに基づく医学の始まりだった。

陸軍病院を支援するためにナイチンゲールがトルコに送られた時、惨状はすでに新聞を通じて詳しく伝えられていた。疾病は敵の弾丸より素早く兵士を打ち負かしていた。ナイチンゲールがしたことは、こうしたセンセーショナルな物語の数値化だった。ナイチンゲールが作成したグラフ（自身は「ニワトリのトサカ」と呼び、現代では「鶏頭図」として知られる）はきわめて視覚的評価に訴えるものだったため、改善を求めるロビー活動を始めるにあたり、主張をしっかりと裏付ける土台となった。一八五六年、ナイチンゲールはビクトリア女王とアルバート王子に懸案事項を伝えた。

英国国務長官はナイチンゲールがクリミアから帰還してから一年も経たないうちに、陸軍医務局に統計課の設置を命じる指令を出した。ナイチンゲールはデータとその視覚化によって、陸軍病院の欠陥をすみやかに明らかにしてみせた。病気の原因は不適切な衛生状態だった。

ナイチンゲールは分析結果を提供したあと、入院患者の状態を改善することを目指して明確な基準を定めた。掃除しやすい壁、床、設備を設置すること、栄養価の高い病院食を提供することといったいくつかの推奨事項は、現代では基本だとみられている。しかし採光や静けさといった理想的な質は、病院が今もなお目指すところのものだ。

ナイチンゲールの最もよく知られた著書『看護覚え書』では、以下のように説明されている。「病気につきもので避けられないと一般的に考えられている症状や苦痛は、実は病気によるものではなく、まったく別の事柄、つまり新鮮な空気や日光、暖かさ、静けさ、清潔さ、そして食事管理における規則正しさや食事の世話が欠如しているために起きることが非常に多い」(1)。例えば床擦れは、看護師が直接予防できるものだった。患者から介護人への責任の移譲は、劇的な価値観の転換だった。

全数調査データの観察と統計分析を通じて、ナイチンゲールは看護師育成カリキュラムを策定し、初めて彼女たちが適切な訓練を受けられるようにした。このカリキュラムは、民間からの寄付によって新設されたロンドンの聖トマス病院のナイチンゲール看護学校で、一八六〇年にお披露目された。体調不良のため、ナイチンゲールは開校式に出席することはできなかった。

ナイチンゲールは人々の健康を改善するために戦いながら、自分の体を守るために大半の時間を自宅で過ごしている。何十年もの間、ナイチンゲールは現代の歴史家がブルセラ症だと推定している病気に苦しめられてきたのだ。その間、彼女は自室にこもり、ほとんど家を離れなかった。

ナイチンゲールは健康状態の悪化により公の場に姿を現すことを止めたが、働くことはやめなかった。彼女は統計に全力を注ぎ、患者のニーズを的確につかむ方法をもたらした。情報が良質なものであれば、より効果的に変化を起こすことができる。ナイチンゲールは手紙でもきびきびと対応を続けた。人生の最後まで、ナイチンゲールは一日一二時間手紙を書いていた。手紙は、統計学者、友人、そしてナイチンゲール主導のもとインドとオーストラリアで看護実習を刷新しようとしていた人々と交際を続けるために長年使っていた方法だった。病院の壁に適切な資材について質問を受けると、ナイチンゲールはパリアンセメント〔訳注1〕についての込み入った説明を一三ページにもわたって書きなぐった。手紙書きはナイチンゲールの主要なコミュニケーション手段だったので、その書きぶりは高度に熟練されたものになった。常に返事が早く、人の話をよく聞き、読み手を思いやっていた。
生前のナイチンゲールは、自分が世界的な偶像になることにひどく居心地の悪さを感じていた。焦点は患者に合わせるべきだと考えていたからだ。ナイチンゲールはずっと前にランプを掲げるのをやめていたが、ランプは彼女を照らし続けた。

訳注1　ミョウバンの代わりにホウ砂を混ぜた石膏プラスターで、壁面塗装などに使われた。

引用文献

（1）Florence Nightingale, *Collected Works of Florence Nightingale*. Waterloo, Ontario, Canada: Wilfrid Laurier Universi Press, 2009.

ソフィア・コワレフスカヤ

Sophia Kowalevskaya

1850-1891

数学者・ロシア人

ソフィア・コワレフスカヤは、数学と算数を混同するのは知識の足りない人の過ちだと考えていた。算数はかけたり割ったりする「無味乾燥でつまらない」数字の積み重ねに過ぎない。数学は「最高の想像力を要求する」エレガントな可能性の世界だった。数学に専念することは、それを詩とは異なる芸術まで高めることだった。「詩人は他の人々よりものごとを深く洞察する必要がありますし、数学者がなすべきことも同じです」

数を深く洞察することは、幼い時に獲得した技能だった。コワレフスカヤが子供の頃、ロシア軍の兵役を引退したばかりの父は、家族を連れてリトアニア国境の近くの農村地帯に引っ越した。そこは森に隣した湖のほとりにある大きな家で、大都市からは遠く離れていた。一家は家の内装を一新するためにサンクトペテルブルクに壁紙を発注したが、壁紙が届くと計算違いがあったことが明らかになった。子ども部屋の壁はむき出しのままになった。コワレフスカヤの父は、注文の手間を増やす代わりに、安上がりなＤＩＹで間に合わせた。若き将校時代に受講した微分積分法の講義の石版刷りを、部屋に貼りめぐらせたのである。コワレフスカヤにとって、想像力の触媒となり、その後の人生においてせわしなく情熱を追い求めるようになったきっかけがあるとすれば、この壁紙だった。コワレフスカヤの住み込みの家庭教師は、方程式で覆われた部屋から少女を引き離すことができなかった。「私は何時間も壁のそばに立ち、そこに書かれたものを何度も何度も読み返していました」(1)。コワレフスカヤは幼すぎて意味を理解できなかったが、年齢は彼女の試みを止めなかった。

子供時代のコワレフスカヤにほどこされた教育は、彼女の好奇心に沿ったものではなかった。父は「学のある女性」(2)に育てることに対してあまり乗り気ではなく、結果として彼女の正規教育は不十分なものになった。「私は慢性的に本に飢えていました」(3)と彼女は自伝に記している。コワレフスカヤはこっそり家族の図書室に忍び込み、部屋のテーブルやソファに山積みになった禁断の外国小説やロシアの定期刊行物を読みふけった。「そしてここで、突然私の指先に――なんて宝物が！　どうして誘惑されずにいられましょう」

叔父たちが訪ねてくると、彼女は数学と科学に関する話をねだった。コワレフスカヤは彼らを通じて、サンゴ礁の形成過程、漸近線が接近する曲線に決して交わらない仕組み、円の正方形化というギリシャの問題について学んだ。「当然のことながら、こうした概念の意味はまだ理解できませんでしたが、彼らは私の想像力に影響を与え、高邁で神秘的な科学としての数学に対する畏敬の念を吹き込みました。それは普通の人間が近づけない驚異に満ちた新しい世界を、新参者である私に開いてくれたのです」(4)

コワレフスカヤは勉強時間中に家庭教師の目を盗み、借りた代数学の本をすばやく読み終えた。隣に住む物理学教授が、コワレフスカヤの父へのプレゼントとして自著である教科書を持ってくると、その本はいつの間にかコワレフスカヤの手に渡った。次に教授が家を訪問したとき、コワレフスカヤは彼を光学についての会話に巻き込んだ――それはさほど易しい話題ではない。教授はコワレフスカヤが理解できそうもないことについて話すのは気が進まなかった。彼女は若く(当時一〇代だった)、女性である。しかしコワレフスカヤの正弦についての説明を聞くと、教授の心は変わった。

ほぼ独学だったため、コワレフスカヤの知識にはところどころ欠落があった。たとえば光学に関する章では、正弦関数を説明づける三角法の基礎に欠けていたので、理解に手こずった。そして正弦はいたるところに登場するのである! そこで彼女はその意味を想像しながら試しに読み進め、試行錯誤で答えを探し出した。彼女がその結論を教授に説明すると、教授は顎がはずれるほど驚いた。コワレフスカヤは、数学者が歴史的にたどったのと同じ道筋で正弦の意味にたどりついたのである。

教授はコワレフスカヤの父に、彼女の際立った能力は著名なフランス人数学者パスカルに匹敵すると訴えた。彼女は高度な教育を受ける必要がある。ただちに。

父はようやく受け入れた。しかしロシアでコワレフスカヤが受けられる教育機会には動かしがたい上限があった。専門的能力を高める機会は、海外しかない。しかしどうやって海外に行けばいい? 未婚であれば、父の支配のもと家に縛り付けられる。既婚であれば、ロシアでの夫の暮らしに従わざるを得ない。コワレフスカヤと姉のアニュータにとっては、どちらの選択肢も知性を刺激するものではなかった。コワレフスカヤは第三の、あまり慣習的ではない選択肢を選んだ。偽装結婚である。

彼女の夫となったウラジミール・コワレフスキーは、女性が平等に教育を受けられるために戦っている急進的な政治集団の一員だった。ソフィアがウラジミールと一八歳で結婚すると、法的に結びついてはいるもののプラトニックなお目付け役のおかげで、ソフィアと姉は自由にロシアを離れることができるようになった。コワレフスカヤが最初にとどまったのはドイツのハイデルベルクだった（夫は地質学を学ぶために別の場所へと向かった）。しかしコワレフスカヤは到着してから、女性は大学に入学することができないことを知った。この若き数学者は、自分の洞察力を使って女子教育への忌避感を変えさせるのはお手の物だった。コワレフスカヤはすぐに大学の講義を非公式に聴講する許しを得た。化学で博士号を取得した最初のロシア人女性となったクラスメイトのユリヤ・レルモントワは、大学でのコワレフスカヤの印象をこのように記憶している。「ソフィアは卓越した数学的能力ですぐに教師の注目を集めました。教授たちは才能ある学生の存在に興奮しきりで、彼女を異常現象として語り草にしました。この驚くべきロシア人女性の話は小さな町全体に広がったので、人々はしばしば足を止めて通りで彼女を見つめていたものです」(5)

続いてコワレフスカヤはベルリンに行き、大いに尊敬していたカール・ワイエルシュトラスという名の数学者に、個人教授をお願いしたいと持ちかけた（ワイエルシュトラスが教えていたベルリン大学では、女性への門戸はより堅く閉じられていた）。彼は学問における女性の地位の支援者ではなかったが、コワレフスカヤの能力と情熱を知るや期待の学生として扱うようになり、のちに信頼できる対等な仲間になった。ワイエルシュトラスは、数学の博士号を求めていたコワレフスカヤに、授業や試験に出席しなくても女性に高い学位を与えるゲッティンゲン大学を勧めた。ベルリンに居ながらにして、コワレフスカヤは数学で博士号を取得したヨーロッパ初の女性になった。博士課程の学生の多くは論文一本を執筆することを選ぶが、コワレフスカヤは三本の論文（純粋数学の論文二本、天文学の論文一本）をまとめている。

一方、コワレフスカヤの偽装結婚は真の結婚に姿を変えた。一八七五年、コワレフスカヤは夫と共にロシアに戻り、数学を脇においやった。ワイエルシュトラスはコワレフスカヤに、ヨーロッパに帰ってきて研究に戻ってほしいと手紙で訴えている。二人の距離はあまりに遠かった。コワレフスカヤは指導教官の手紙に返信するのをやめた。

ベルリンを去って六年後、不動産事業で失敗を重ね、ぎくしゃくした結婚生活を終えたコワレフスカヤは、一人でドイツに戻った。彼女はすぐに研究を再開する。コワレフスカヤは結晶体における光の屈折と、「アーベル関数のあるクラスの楕円関数への変形」に関する画期的な論文を発表した。一八八三年、ストックホルム大学はコワレフスカヤを講師に迎え入れた。コワレフスカヤは当初、講師としての自身の能力に対する「深い疑念」を挙げ、その名誉に応える用意があると感じられるまで招待を断っていた。しかし到着してから半年で、彼女は教授に昇進し、『アクタ・マテマティカ』誌の編集長に就任した。二年後、彼女はスウェーデン語に堪能な学部長となり、父の庇護から解放されたばかりの頃以来の並外れた情熱をもって仕事に専念した。

支援してくれる同輩たちにけしかけられ、コワレフスカヤが「数学的マーメイド」と呼ばれる分野を追い求めたのはそれ以降のことである。「数学的マーメイド」とは、多くの偉人たちの追求をかわしてきた古典的な数学問題である。「重力下で固定点を回る剛体の回転について」といった問題を含むこれらの数学問題への理解を進展させるため、パリの科学アカデミーは懸賞論文の募集を発表した。コワレフスカヤは応募論文を期限までに完成させるため、猛烈に研究した。

パリの科学アカデミーの発表は、二つの意味で衝撃的な出来事だった。一つ目は、受賞者がその問題についてあまりに新しい境地を切り開いていたという理由で、賞の運営機関が賞金を増額したこと。二つ目は、寝耳に水としか感じられないくらい受賞者の知名度が低かったことだ。匿名で提出された一五の論文のうち、賞を獲ったのはコワレフスカヤの論文だったのである。彼女の解法は、理論数学における新しい研究分野への道を拓いた。コワレフスカヤの研究を分析した人は、彼女の受賞は数学以外にも影響力があると指摘した。「この論文の価値は……結果や手法の独創性のみにあるのではなく、同問題への関心を高めたことにある……多くの国々、特にロシアの研究者に対して」(6)

コワレフスカヤは肺炎のため四一歳で亡くなるまでに、その分野のトップに上り詰めた。慣例に従い、彼女の脳は重さを測定・評価され、その大きさと溝は知能の指標として判断された。「死者の脳は最高水準に発達していた」(7)とストックホルムの新聞が伝えている。「そして大脳のしわは、彼女の高い知能から予想されたとおり豊かだった」

引用文献

(1) Sofya Kovalevskaya, *A Russian Childhood*, trans. Beatrice Stillman, assisted by P. Y. Kochina. New York: Springer, 1978.

(2) Ibid.

(3) Ibid.

(4) Ibid.

(5) Ibid.

(6) Ibid.

(7) Ibid.

エミー・ネーター

Emmy Noether

1882-1935

数学者・ドイツ人

アルバート・アインシュタインは完全にお手上げだった。彼は一般相対性理論を研究していたが、対応しなければならない数学の問題に手を焼いていたのである。そこでアインシュタインは相対性理論を公式化するために、ゲッティンゲン大学からダフィット・ヒルベルトとフェリックス・クライン率いる専門家チームを引っ張り込んだ。二人は数学的不変量への貢献できわめて高く評価されていた数学者だ。しかし彼らが遺したものはこれだけではない。ゲッティンゲン大学で、彼らは学者コミュニティを育んだ。このコミュニティのおかげで、ゲッティンゲン大学は世界で最も評判が高い数学教育機関の一つに成長することができたのである。二人は才能ある数学者をスカウトした。このアインシュタイン・プロジェクトにとって、エミー・ネーターは彼らのドラフト指名選手だった。

ネーターは着実に名声を積み上げてきた。それまでの八年間、彼女は給与も役職もなしにエルランゲン大学で働いていた。ゲッティンゲン大学に転職するまで、彼女は六本ほどの論文を発表し、海外で講義を行い、博士課程の学生に指導し、エルランゲン大学の数学教授で健康が悪化していた父、マックス・ネーターの代講を務めている。

当時のネーターの専門は不変量、つまり回転や線対象移動といった変換をしても変わらない構成要素だった。一般相対性理論にとって、彼女の知識基盤は不可欠だった。ネーターはアインシュタインが必要とした連結方程式を生み出すのを手伝った。彼女の公式はエレガントで、その思考プロセスと想像力は研究に光をもたらした。アインシュタインはネーターの仕事を高く評価し、こう書いている。「ネーターは私の研究に絶えず助言をくれます。そして…私がこのテーマで傑出した存在になれたのも、本当に彼女のおかげなのです」(1)

近しい同僚たちは、ただちにネーターは優秀な数学者で、常勤教職員になるべき特別な価値のある人だと認識した。しかしネーターは激しい反発に直面していた。ネーターを講師にしようと支援した人々の多くは、彼女は特例であり、一般に女性は大学で教えることを許されるべきではないとも信じていたのである。大学に認可を与えるプロイセンの宗務教育局は、「フランクフルト大学だろうがゲッティンゲン大学だろうが、どこであれ女性が講師になることは許されない」(2)とネーターの任命を退けた。

政情の変化は、ついにアカデミアの女性を支配する堅苦しい規制を打ち破った。ドイツが第一次世界大戦で敗北すると、社会主義者が政権を奪取し、女性に選挙権を与えた。ネーターを教職員にしようとする内々の動きはまだ続いており、アインシュタインは彼女を推奨することを申し出た。「ネーターから新しい研究報告を受け取って、改めて彼女が公式に講義できないことは甚だしく不公正なことだと実感しました」(3)と彼は手紙で書いている。ネーターが教えていたにも関わらず、書類の上では彼女の講義はダフィット・ヒルベルトのものになっていた。ようやくネーターは大学で正式の役職に就くことを許されたが、その肩書は小説のタイトルのようだった。「非公式特別（extraordinary）教授」(4)であるエミー・ネーターは無給だった。同僚たちは肩書についてこんなジョークを言った。「特別（extraordinary）教授」は普通（ordinary）のことを何も知らないし、「普通（ordinary）教授」は特別（extraordinary）なことを何も知らない、と。ネーターはようやく給料をもらえるようになっても、ゲッティンゲン大学職員の中で最も薄給だった。

有給であれ無給であれ、ゲッティンゲン大学でネーターは成功した。現代では「ネーターの定理」と呼ばれる研究が、いかに物理学に深い影響を与えたかは、『ニューヨーク・タイムズ』紙に引用された物理学者の言葉に示されている。「彼女の定理は、現代物理学のすべてを支える背骨であると強く主張してもよいくらいだ」(5)。そしてネーターは数学においても進展をもたらした。彼女は抽象代数の創始者である。一九二一年に発表された論文「環のイデアル論」には、数、公式、具体例が一切ない。それらの代わりに、ネーターは概念を比較した。科学ライターのシャロン・バーチュ・マグレインはこれについて「建物の特徴、たとえば高さ、強度、有用性、サイズを、建物そのものに言及することなく描写し、比較するようなもの」(6)と説明している。ネーターはズームアウトして全体を見ることで、時間とエネルギー保存といったこれまで科学者や数学者たちが無関係だと思っていた概念同士の関連性を見出したのである。

ネーターは数学についての議論で興奮するあまり、昼食時に食べ物をこぼそうが、おだんごヘアから一房の髪が飛び出そうが、一瞬たりとも話すスピードをゆるめることはなかった。ネーターは大声で熱を込めて話し、アインシュタイン同様、服装を気にするのはそれが快適さに関わる場合のみだった。アインシュタインはウールが流行しているときでも、グレーのコットントレーナーを愛用していた。ネーターはゆったりしたロングワンピースを着て、ショートカットが流行する前に髪をショートにした。アインシュタインであれば、このようなふるまいは心ここにあらずな天才にありがちな癖だと受け流される。ネーターの場合、ダブルスタンダードがあった。彼女の体重や容姿は、陰で絶えずからかいや雑談の格好の題材になった。肩書、賃金、政治がささいな悩みの種でしかなかったように、ネーターはこうした論評を気にかけることはなかった。学生たちは特に情熱的な講義の休憩中に、ゆるんだヘアピンを交換しようとしたり、ブラウスをまっすぐに整えようとしたりしたが、ネーターはそんな学生たちを追い払った。ヘアスタイルや衣服が変化しようとも、ネーターにとって、数学は不変なのである。

ネーターのようにめまぐるしく働く頭脳を持っていると、本人ですら自分自身の考えに追いつくことは難しかった。講義中にアイデアが降臨すると、黒板いっぱいに書き込んでは消し、また書き込んでは消しを繰り返した。新しいアイデアに行き詰ったとき、ネーターがチョークを床に投げつけて踏みつけたために粉が彼女の周りに舞い上がり、爆破の粉塵のように見えたことを学生たちは覚えている。ネーターはやすやすと、その問題を従来の方法でやり直すことができた。

ネーターはアイデアを気前よく人々に分け与えたので、彼女の知性に刺激されて数多くの重要な論文が発表された。彼女の署名こそなかったが、それらは彼女の恩恵である。実際に、教科書『現代代数学』第二版のほとんどの部分に、ネーターの影響を見ることができる。

ドイツの政治情勢が再び彼女のキャリアに影響をもたらした。ネーターは二〇世紀最大の数学的知性の一人としての業績を確立したが、ナチスは左翼に傾倒していること、ユダヤの血をひいていることのみで彼女を判断した。一九三三年五月、ネーターはゲッティンゲン大学でまっさきに解雇されたユダヤ系教授の一人になった。ネーターはあからさまな差別に直面してもなお、おそらくは素朴に、何よりも数学を優先した。ネーターは大学で教えられなくなっても、違法と知りつつ質素なアパートの自室で学生たちを教えた。アパートで教えを受けた学生の中には、軍服に身を包んだナチスの軍人もいた。ネーターは起きていることに賛同していたわけではなかったが、ひたむきな学生のためにそうした感情を払いのけた。「彼女の心に恨みの感情はなかった」(7)と同僚の友人は思い返す。「彼女は邪悪なるものの存在を信じなかった――男たちと違い、邪悪なるものは決して彼女の心に入り込まなかった」。

ネーターの寛大さゆえに、友人たちは全面的に彼女のために尽力した。彼女がドイツにとどまり続ければ深刻な危険にさらされることになるとわかると、友人たちは一九三三年に、ネーターが米国のブリンマー・カレッジで職を得られるように手配した。それは名のある教育機関に落ち着くまでの一時的な仕事のはずだった。しかし米国に到着してからわずか二年後、ネーターは卵巣嚢胞の手術からの回復中に帰らぬ人となった。五三歳だった。ネーターの死後、アインシュタインは『ニューヨーク・タイムズ』紙に手紙を寄せた。「ネーターは、女子高等教育が始まってから生み出されてきた才人の中でも、最も大きな影響を与え、創造性に富んだ数学的天才でした」(8)。現代の科学者の中には、他者の著作の署名とタイトルの下に隠れたネーターの貢献は、頌歌の作者にも勝ると信じる者も少なくない。

引用文献

(1) Sharon Bertsch McGrayne, *Nobel Prize Women in Science: Their Lives, Struggles, and Momentous Discoveries*. 2nd ed. Washington, DC: National Academies Press, 2001.
(2) Ibid.
(3) Ibid.
(4) Ibid.
(5) Natalie Angier, "The Mighty Mathematician You've Never Heard Of." *New York Times*, March 26, 2012.
(6) Sharon Bertsch McGrayne, *Nobel Prize Women in Science: Their Lives, Struggles, and Momentous Discoveries*. 2nd ed. Washington, DC: National Academies Press, 2001.
(7) Ibid.
(8) Albert Einstein, "The Late Emmy Noether." *New York Times*, May 4, 1935.

メアリー・カートライト

Mary Cartwright

1900-1998

数学者・イギリス人

有名な理論物理学者のフリーマン・ダイソンは、メアリー・カートライトの素晴らしさを褒めそやしたことで、面目を失うことになった。カートライトは数学の新領域を立ち上げた、と彼は言ったのである。天気から株式市場、水の流れまであらゆることを説明するのに役立つカオス理論は、彼女のおかげで生まれた、と。九三歳のカートライトは、そのような注目のされ方が好きではなかった。もちろん、彼女は数学的定式化を思いついたかもしれないが、その応用は彼女を超えて進化していた。「私のことをカオス研究の先駆者の一人として称賛してくださったとうかがいましたが、私はカオスの意味がわからないんです」[1]とカートライトは書いた。「甥がカオスについての分厚い本を貸してくれたのですが、その本には数学のことは載っていませんでした」

カートライトのカオス理論は、レーダー技術をめぐる喫緊の問題から発展した。第二次世界大戦中、レーダーはヒトラーとの戦いにおける頼みの綱だった。しかしイギリス軍の兵士がより強力なレーザー増幅器を必要とするようになると、信号が混乱した。信号をクリアにすることは、ドイツとの戦争に勝つか負けるかの分かれ目になりえた。

できるだけ早くシステムを修正しようとした英国科学産業研究省は、一九三八年にロンドン数学協会のメンバーに支援を要請した。カートライトによれば、政府は「レーダー技術に関連して発生する、とある非常に厄介そうな微分方程式を解く助け」(2)を必要としていた。オックスフォード大学を卒業したケンブリッジ大学ガートン・カレッジの講師で、過去に解析困難な微分方程式を解いた経験を持つカートライトはこの挑戦を受けて立ち、研究を助けてもらうためにJ・E・リトルウッドを引き込んだ。

カートライトが初めてリトルウッドに出会ったのは、彼女が博士学位論文の試問を受けていた一九三〇年のことだった。二人はウインク一つで引き寄せられた。もう一人の査読者がまぬけな発言を差し挟んで試問が一瞬横道にそれると、リトルウッドはちょっとした励ましとしてこの親しみを感じさせる身ぶりをしてみせたのである。

二人は同年、カートライトが関数論の研究をしていたときに再び出会った。カートライトはガートン・カレッジで特別研究員として研究している間、リトルウッドの講義に出席した。彼女には、数学的な概念を型にはまらないやり方で組み合わせる特殊技能があった。カートライトは、リトルウッドが授業中に出した問題を別の問題で使われていたテクニックを適用して解いたことで、再び彼の注目を集めることになった。リトルウッドは五年後に、彼女が考案した定理を発表した。

イギリス政府のレーダー問題は、正確には自分の専門領域ではなかったが、カートライトは面白そうだと感じた。無線力学のようなあまりなじみのない研究領域は、リトルウッドの専門知識に頼ればいい。一九三八年に築かれた二人の協力関係は、主に郵便ポストを通じて行われた。時には二人で散歩をして、リトルウッドの指が空中で何かを描いて説明することもあったが、やりとりの大半は手紙だった。

カートライトは一つのセクションの研究を片付けると、その結果をリトルウッドに送り、フィードバックを待った。彼女が明らかなミスを犯した場合は、リトルウッドはそのミスの隣のページに蛇の絵を描いた。リトルウッドの返事はしばしば遅れたため、カートライトは銀行や路上で彼に出くわすたびに優しく催促するようになった。しばらくの間、二人はゆっくり研究を進めた。

カートライトはレーザー増幅器の問題に取り組み始めたとき、この問題の下地となる既存の研究を可能な限り入手し、すべて読んだ。彼女は電気技師バルタザール・ファン・デル・ポールの研究に詳しくなった。ファン・デル・ポール方程式は、イギリス政府が改善したがっているような非線形増幅器を説明しようとする場合に、科学者と数学者が参照するものだった。この方程式が多くを説明する一方で、ファン・デル・ポールの結論のいくつかはそのモデルに適合せず、なぜそうなるかについての適切な説明はなかった。

カートライトの最初の大発見は、バスタブの中でやってきた。きらめく水に浸りながら、カートライトはファン・デル・ポール方程式を数学者アンリ・ポアンカレの研究と組み合わせた。ポアンカレは、非線形方程式を使って天体の動きを研究した。ファン・デル・ポールと同じく、ポアンカレも不規則性を含むモデルを定式化していたが、そのモデルは軌道上の衛星に適用された。ポアンカレは一九世紀後半に、数学の新分野を切り開き、天体の複雑な軌道をとらえたのである。ポアンカレの方法をファン・デル・ポールの問題に適用することによって、カートライトは不規則性を理解することができた。

二人はこの解の意義をまとめるのに数年かけた。一九四五年、二人はようやく研究結果を発表した。レーダー増幅問題への答えは、現代ではカオス理論と呼ばれるものである。これは諸条件の小さな変動が多種多様な結果を生みだし得るという考えだ。ダイソンは論文が発表されたときのことを回想する。「彼女の研究は美しいと感じましたが、その重要性はわかりませんでした」(3)

カートライトのモデルは、第二次世界大戦におけるレーダー増幅の問題解決には間に合わなかった。しかし、カートライトとリトルウッドは、イギリス軍が次善策を講じられるだけの情報を十分に素早く提供することができた。

カートライトのカオス解釈は、約三〇年後に気象学者のエドワード・ローレンツが「ブラジルで一匹の蝶が羽ばたくとテキサスで竜巻が起こるか?」という魅力的な問いを立てるまで、数学者を含む誰からも顧みられることはなかった。

カートライトは一九七二年に引退し、同年ローレンツはかの有名な気象に関するカオス理論の講演を行った。カートライトは引退するまで、長く素晴らしいキャリアを楽しんでいた。彼女はロンドン数学協会の議長に選出され、イギリス女王からデイム(Dame)の称号を授与された。この名誉が一九六九年に与えられたとき、同僚はカートライトの面前で三回お辞儀をしなければいけないねと冗談を言った。カートライトは持ち前の乾いたユーモアで答えた。「いいえ、二回で結構よ」(4)

一九年間にわたり、カートライトはケンブリッジ大学ガートン・カレッジの学長を務めた。その重責ゆえに研究は遅れたが、決して投げ出すことはなかった。教育という仕事は、彼女に未来の数学者に対する大いなる希望をもたらした。「数学は若者のゲームです。というのも、数学における大きな進歩は、これまでとは少々異なる観点で問題にアプローチすることから生まれるからです」[5]と彼女は説明する。「この種のアイデアは、研究対象を初めて学ぶ過程で現れることが多いのです」

カートライトも、キャリアの早い段階でカオス理論の発見に役立つ研究をした。数十年後、彼女はカオス理論が勢いよく花開き、物理学、工学、気象学などの分野で応用されるのを目の当たりにした。カートライトはこうした展開を自らの手柄とすることを決してよしとしなかったが、この抵抗は適切だった。二つのアイデアの創造的な組み合わせが、数十年の時を経て最後にどこまで発展していくかは、実際には誰も予測できないのである。

引用文献

（1）Freeman J. Dyson, "Mary Lucy Cartwright." In Nina Byers and Gary Williams [eds.], *Out of the Shadows: Contributions of Twentieth-Century Women to Physics.* New York: Cambridge University Press, 2006.
（2）Donald J. Albers and Gerald L. Alexanderson, *Fascinating Mathematical People: Interviews and Memoirs.* Princeton, NJ: Princeton University Press, 2011. p. 142.
（3）Freeman J. Dyson, "Mary Lucy Cartwright." In Nina Byers and Gary Williams [ed.], *Out of the Shadows: Contributions of Twentieth-Century Women to Physics.* New York: Cambridge University Press, 2006.
（4）Philip J. Davis, "Snapshots of a Lively Character: Mary Lucy Cartwright, 1900–1998." *Society for Industrial and Applied Mathematics.* http://www.siam.org/

news/news.php?id=863, accessed September 12, 2014.

(5) Donald J. Albers and Gerald L. Alexanderson, *Fascinating Mathematical People: Interviews and Memoirs*. Princeton, NJ: Princeton University Press, 2011.

グレース・マレー・ホッパー

Grace Murray Hopper

1906-1992

コンピュータ科学者・アメリカ人

コンピュータの誤作動を「バグ」と呼ぶたびに、我々は「ソフトウェアの貴婦人」に会釈をしなくてはならない。なぜならグレース・ホッパーと、バカでかいコンピュータ「マークII」の継電器にはさまれた蛾がいなければ、コンピュータのバグは別の名前で知られていたかもしれないからだ。

ホッパーの影響はバグの命名にとどまらない。ホッパーはコンピュータ草創期において非常に重要な役割を果たしており、その影響力は、技術そのものと同じく随所に及んでいる。ホッパーの履歴書は、彼女がコンピュータ・プログラマーで、チャールズ・バベッジやエイダ・ラブレスと同じくらいコンピュータの発展に重要であったことを物語る。しかし彼女自身の考えとビジョンは、技術および技術についての語り口の双方に息づいている。

アップル社が「発想を変えよう（Think Different）」というスローガンを広め、「破壊的（disruptive）」であることがシリコンバレーの標語になるずっと前から、ホッパーは学生、同僚、技術系企業に対し、彼女曰く「英語において最も有害な言い回し」[1]を使うことを戒めてきた。革新を妨げる大罪とはなにか？「私たちはいつもこのやりかたでやってきた」である。ホッパーは断固としてこの言い回しを禁じてきたので、つい口にしてしまった哀れな魂のところに海軍の制服に全身を包んだ彼女が幽霊のようにフッと現れ、「化けて出るわよ」(2)と脅かすこともたびたびあった。ともあれ、この考えはテクノロジーの中心的教義であり続けている。今日においても、新しいアイデアに向けられる最悪の言葉は「無難」である。折に触れてこうした基本に立ち返るため、ホッパーの仕事場の時計は反対周りになっていた。

「許可をもらうより謝るほうが簡単」(3)は、よく知られたもう一つのホッパー哲学である。彼女はこの格言を編み出すずっと前から、この哲学を実践していた。子供だった頃、ホッパーは目新しい装置に強く心を惹かれていた。七歳のとき、目覚まし時計が毎朝家族を起こす仕組みを知りたいと考えた。そこでホッパーは目覚まし時計を分解することにした。再び組み立て直すことができなかったホッパーは、もう一つの目覚まし時計を分解して壊してしまった。途方にくれて、また別の目覚まし時計で試してみた。七つの目覚まし時計からネジとバネを引っ張り出すと、ホッパーの母は子供とある取り決めをした。「分解するのは一つだけにしてね」

数学を愛する母と励ましてくれる父に支えられ、ホッパーは一七歳でヴァッサー大学に進学し、一九二八年に数学の学位を取った。次いで彼女はイェール大学大学院に進み、数学の修士号と博士号を取得した(同大学では女性初)。それからヴァッサー大学に戻り、大好きな科目である数学の教鞭をとった。

一九四一年に日本が真珠湾を爆撃したとき、ホッパーにとってすべてが変わった。三四歳だったホッパーは、祖国のために具体的に何かをしたいと考えた。つまり軍隊に入りたかったのである。確かに、政府は数学教授という職業は非常に重要であるから彼女を辞めさせることはできないと考えた。

確かに、彼女は標準的な入隊基準よりも体重が一六ポンド（約二・七キロ）足らず、年を取りすぎていた。しかしホッパーは自信に満ちて決意した。ホッパーはヴァッサー大学を説き伏せて休暇を取り、体重制限を免除してもらうよう取り計らい、一九四三年一二月にアメリカ海軍予備隊に入隊した。

予備隊では、ホッパーはハーバード大学の船舶計算研究室に配属された。優れた数学者としての評判は就任前から知れ渡っていた。彼女の着任を今や遅しと待ち続けていた上司は、こんな冗談を言った。「どこに行ってたの？」(4)。上司はすぐに、ホッパーを研究室の巨大コンピュータ「マークI」の仕事に取りかからせた。彼女の仕事は「この巨大生物をプログラムし、命令を実行する方法」を習得することだった。

ガジェットマニアの数学者にとって、長さ一五メートル以上、重さ五トンの「マークI」は、驚異的な処理速度をもつ夢の機械だった。「マークI」は毎秒約七二ワードと三つの演算を処理することができた。ホッパーは主任プログラマーであり、ツアーガイドだった。

コンピュータの歴史家によれば、ホッパーが書いた五六一ページの「マークI」マニュアルは画期的なものだったという。「この一連の命令文は……これまで書かれたどのデジタルコンピュータ・プログラムの中でもごく初期のものです」

ホッパーは現役の軍務から解放されたのちも、ヴァッサー大学に戻らない道を選んだ。ホッパーには格闘すべき気難しいコンピュータがあったし、それがあまりにも楽しかったのである。

一九四九年、ホッパーはフィラデルフィアのエッカート＝モークリー社に移り、そこで初の大規模商用デジタルコンピュータの設計を手伝った。彼女はそこでも、プログラミングに関して問題だと認識していた点に立ち返った。プログラミングは非常に特殊化していて、味気なかった。当時、プログラマーは手動で1と0を入力しなければならなかった。ヒューマン／マシンインタフェース［訳注1］が必要としたのは、人間の命令を適切に受け取り、コンピュータが理解できる二進数の言語に変換する、一種の翻訳者のようなプログラムだった。ホッパーは決して誰かが代わりにやってくれることを待つタイプではなかった。「自動プログラミング言語ゼロ」を意味する彼女作のプログラム「A‐0」は、現代では最初の「コンパイラ」として知られている。プログラミング言語の歴史において、機械と直感的にやりとりできるようになったこと、コマンドに多くの意味を詰め込める機能を加えたことはともに極めて重要である。ホッパーはコンピュータにすべきことを説明するため、1と0の文字列を入力する代わりに、それらの文字列をキーボード上の一文字に置き換えて簡略化したのである。

彼女はまた、ビジネス用途に特化して設計したプログラミング言語COBOL（common business oriented language）の基礎を作り上げた。今日でもCOBOLは、企業や政府機関で大きな役割を果たしている。

一九六六年、ホッパーは海軍予備隊を引退した。この引退は長く続かなかった。ホッパーは自動データ処理部門の任務につくよう要請され、その時点で海軍が彼女の雇用を無期限にする必要があるだろうことは明らかだった。ホッパーは大佐に昇進し、一九七七年には海軍データ自動処理司令部司令官の特別補佐官に任命された。退役後一九年続いた海軍での二度目の任務中、ホッパーは海軍におけるプログラミング言語に共通基準を設ける手助けをした。これらの基準は国防総省でも使われるようになり、その後すべてのコンピュータに広がった。

ホッパーがフィルターなしのラッキー・ストライクを吸いながら、背後に一団を従えて会議室の廊下を自信たっぷりに歩き回ると、人々は決まって畏敬の念で振り返った。演壇に立つ彼女は魅惑的な預言者で、コンピュータの未来を予測して聴衆をワクワクさせ、もっと創造的に考えよと観客の心を駆り立てた。

かつてホッパーはテクノロジーの限界について尋ねられた際、こう返答している。「私たちの想像力に限りがあるなら、テクノロジーも限界があるものにしかならないでしょう。すべて私たち次第なのです。思い出してください。飛行機が空を飛ぶなんてできるはずがないと言っていた人々がいたことを」(5)

訳注1　人間と機械が情報をやり取りするための手段

引用文献

(1) Diane Hamblen, Grace M. Hopper, and Elizabeth Dickason, "Biographies in Naval History: Rear Admiral Grace Murray Hopper, USN, 9 December 1906–1 January 1992." Naval History and Heritage Command. http://www.history.navy.mil/bios/hopper_grace.htm, accessed August 20, 2014.
(2) Ibid.

数学とテクノロジー

(3) Ibid.

(4) Uta C. Merzbach, "Computer Oral History Collection, Grace Murray Hopper (1906–1992)." Computer Oral History Collection, 1969–1973, 1977, Archives Center, National Museum of American History, July 1968.

(5) Diane Hamblen, Grace M. Hopper, and Elizabeth Dickason, "Biographies in Naval History: Rear Admiral Grace Murray Hopper, USN, 9 December 1906–1 January 1992." Naval History and Heritage Command. http://www.history.navy.mil/bios/hopper_grace.htm, accessed August 20, 2014.

発明
INVENTION

ハータ・エアトン

Hertha Ayrton

1854-1923

物理学者・イギリス人

初期の映画ファンが映画を「フリックス」という愛称で呼んでいた頃、この言葉には当時の映写技術特有のクセに対する愛情が込められていた。フィルムストリップを通した強力な光線にはちらつきがあり、白黒の動画を明滅させながらスクリーンに投影した。このちらつき（フリッカー）は、初期の映写機がアーク灯を光源としていたことに由来する。アーク灯は、隣り合わせに配置した二本の炭素棒に電気を通したときに光を放つ。電気は二本の棒の間隔を飛び越え、不安定ではあるが輝かしいアーク（円弧）を描いた。時がたつにつれて、アーク灯のちらつき（フリッカー）は口語で「フリック」と短縮して呼ばれるようになり、現代の映画の安定した映像にもかかわらず、その名は残り続けた。

アーク灯の歴史は一八〇七年に遡る。アーク灯がようやく工業的に実用化されるようになったのは、発電機が技術の需要に追いついた一八七〇年代以降のことだ。家庭向けとしては明るすぎたため、アーク灯は灯台など非常に強い光線を必要とする設備の常套手段となった。一八九〇年代には、街灯がガス灯からアーク灯に切り替わり、その後映画でアーク灯が使われてその存在を知らしめた。アーク灯は『市民ケーン』などの映画のセットを照らすとともに、初期のサイレント映画スターをスクリーンに映し出した。

アーク灯は裏方であるはずが、ジー、パチパチという音を立てるために、あらゆる作品でその存在を主張した。騒がしい音は炭素棒の間で発生していた。炭素棒が通電すると、炭素が蒸発し、小さな穴ができる。空気がこのくぼみになだれ込むことで、物悲しい音が発生するのだ。炭素棒をなだめて文句を言わずに仕事をするよう絶えず棒を微調整しなければならないため、アーク灯の付き人はいつも忙しかった。

英国の発明家で物理学者であるハータ・エアトンと、電気工学者である夫のウィリアムは、一九世紀の終わり頃、より静かでより安定したアーク灯を目指して研究を始めた。残念なことに夫妻の仕事は、たき付けだと勘違いしたメイドがしわくちゃにして暖炉に投げ込んだことにより、炎の中に消えていった（火がより明るくなったかどうかは不明である）。このミスは夫が米国に出張している間に起きたので、エアトンは一人で研究を再開した。

エアトンは徹底的な調査から取りかかった。複雑なプロセスを理解することにより、問題を特定し、騒音をカットする設計方法を考案したかったのである。

炭素棒が問題であることを発見したエアトンは、静かになるように成形した炭素棒を考案した。その過程でアーク電圧降下、アーク長、そしてアーク電流との関係性を学んだエアトンは、アーク灯のちらつきの原因も明確にした。一八九五年と一八九六年に、エアトンは一二本の論文を『エレクトリシアン』誌に掲載し、自身の発見を明らかにした。

エアトンは一八九九年に、王立協会でアーク研究の実演を行う。新聞は「婦人訪問者たち」が「驚愕した」内容について大々的に報じた。「…彼女たちと同じ性別の人物が全ての展示品の中で最も危険そうに見えるものを担当していたのである――ガラスに封じ込められ鮮烈な光を放つアーク灯。エアトン夫人は少しも恐れていなかった」(1)

しかし王立協会の会員たちのほうは、彼女のことを少々恐れていた。エアトンの論文「電弧(アーク)の構造」が一九〇一年に受理されたとき、王立協会はこの論文を公の場で発表する男性会員を公募した。女性の入会が許されていなかったからである。一年後、エアトンは王立協会への推挙を受けたが、協会が相談した弁護士は、彼女の性別は入会には不適格だと裁定した。英国のコモン・ロー(慣習法)によれば、既婚女性には夫から独立した法的地位はなかったのである。

エアトンは、自分が受けた差別は完全にナンセンスだと考えた。「個人的には、性別が科学に持ち込まれることにはまったく同意できませんね」と彼女はジャーナリストに説明した。「『女性と科学』という考えはまるで的外れです。ある女性が優れた科学者であろうがなかろうが、いずれにせよ彼女には機会が与えられ、彼女の仕事は性別ではなく科学的な観点から検討されるべきです」(2)

エアトンは優れた科学者の一人だった。彼女の四五〇頁の本『電弧』は、一九〇二年に出版されるやいなやアーク灯の基準になった。しかし、王立協会がエアトンに論文を自分自身で読むことを許可するのは、それから二年後のことだった。最終的に、王立協会は態度を改めた。一九〇六年に、エアトンは「物理科学における独創的な発見、特にエネルギーの生成、貯蔵、使用への応用」(3)を称えられ、王立協会からヒューズ・メダルを授与された。しかし、会員資格はまだ彼女の手に届かなかった。一九一八年まで、婦人参政権も同様だった。エアトンは幼い頃の貧困とこれまで受け続けてきた性差別経験に啓発された率直な婦人参政権論者で、説得力、魅力、存在感を兼ね備えていた。彼女はハンガーストライキをする婦人参政権論者を心配し、一九一一年の国勢調査に参加することを拒否した。彼女は国勢調査用紙一面に、次のように書きなぐった。「もし私に二人の議員候補者のうちから選択する知性がないのならば、どうやってこれらの質問すべてに答えられるでしょう? 私は市民としての権利を得るまで、項目への回答を提供しません。女性に参政権を。ハータ・エアトン」(4)

エアトンは、圧倒的に男性で占められる科学機関に受け入れられることを試みている小さなクラブの一員だった。エアトンはマリー・キュリーを一番の親友とみており、しばしばこの化学者の評判を大っぴらに弁護した。「実際には女性の業績であったものが男性の業績とみなされる過ちは「命が九個あるという」猫よりさらに息が長いものです」(5)。これはキュリーに向けられる常套句に応えて、エアトンがしたためた文章である。キュリーの夫ピエールが一九〇六年に、エアトンの夫ウィリアムが一九〇八年に亡くなると、二人の夫は貴重な協力者ではあったものの、彼女たち自身が優れた科学的能力を持っていることが証明された。

実のところ、科学はエアトンの第二のキャリアだった。アーク灯を探求する前は発明家で、直線を等分する道具の特許を取得した(伝記作家の中には、彼女の機械いじり好きは腕時計職人の父ゆずりだと考える者もいる)。第一次世界大戦中、英国の兵士に塩素ガスが使用されたとの報道にがくぜんとした彼女は、再び発明に引き寄せられた。自らに設けた課題は次の通りだ。どうすれば兵士を有害ガスから守れるのか? さまざまな方法で実験するため、エアトンは応接間にミニチュアの戦場を用意した。

マッチ箱を塹壕に見立て、冷やした煙（茶色い包装紙に火をつけて発生させたもの）をガスの代わりに周りに注ぎ入れる。そこで彼女は、最強の解決策だと考えた方法――先端部分に大きな長方形のパドルをとりつけた長いホウキの柄を振って力ずくでガスを追い払う――を改良した。

当初、軍は懐疑的だった。戦闘のさなかにこんなうちわで何ができるというのか？　軍の心理的な障壁は、たぶんに意味論的な部分もあった。「うちわ」は女性が身につけるものだったのである。一九一七年に野外実演が行われるまで数年かかったものの、軍は最終的にこの道具を実戦に使用した。結局、約一〇万本が西部戦線に出荷されることになる。二年後、エアトンはより強い風力で送られてくるガスと戦うため、自動化した送風器を完成させた。

エアトンは創造的な問題解決の手腕に長けた人物だった。必要なものが薬入れ一式であれ、物理学の原理であれ、彼女は騒音、光のちらつき、致死性ガスに取り組む柔軟性とスキルを持っていた。他の人々が、そんなことはエアトンには無理だと考えているかどうかは決して問題にならなかった。自分ならできるとわかっていたからだ。

引用文献

（1）Evelyn Sharp, *Hertha Ayrton: 1854–1923, a Memoir*. London: E. Arnold & Company, 1926.

（2）Ibid.

(3) "Hughes Medal." The Royal Society, https://royalsociety.org/awards/hughes-medal/, accessed August 17, 2014.

(4) Hertha Ayrton, Census Form for *Census of England and Wales, 1911*, in *Extraordinary Women in Science & Medicine: Four Centuries of Achievement*. An Exhibition at the Grolier Club, September 18–November 23, 2013.

(5) Evelyn Sharp, *Hertha Ayrton: 1854–1923, a Memoir*. London: E. Arnold & Company, 1926.

ヘディ・ラマー

Hedy Lamarr

1914-2000

技術・オーストリア人

ヘディ・ラマーは自分に期待されていることが何なのかを知っていた。それはWi-Fi、Bluetooth、GPSといった技術の先駆けとなる秘密通信システムの発明者になることではなかった。しかし彼女がハリウッドスターになると思う者もいなかった。なんといってもラマーは、ハリウッドの反対側にあるオーストリアのウィーンで一九一四年に生まれ、育ったのである。ダンスやピアノを習っている銀行家の早熟な一人娘ですら、遠く離れた地で大成功を収めるといようなことは望みようがなかった。しかしラマーは、自分に何ができて何ができないかについての世間の考えに関心はなかった。彼女は闘わなければならない渇望感を抱えていたのである。「私は決して満足することがありません」とラマーは語った。「私は一つのことをなすとすぐに、ほかのことをしたいという気持ちが心のうちに沸き上がってくるんです」(1)。離婚、戦争、排斥の中にあってさえ、ラマーは自分を前進させる機会を見つけることができた。それがいかに見つけづらくても。

ラマー(旧名ヘートヴィヒ・キースラー)は子供の頃、父と一緒にウィーンの通りを歩き回りながら、路面電車や印刷機のような複雑な機械の内部構造を父が説明するのを聞いた。父は自立に重きを置いていた。「(私の父は)自分の事は自分で決め、自分で人格を形成し、自分の考えを持たなければならないと私に伝えました」(2)。父はラマーに世界の中に自分の道を見つけよという進軍命令だけでなく、それを実行するための弾薬も与えたのである。ラマーが演技の勉強をするために一六歳で学校をやめ、ベルリンに引っ越すという決断をしたとき、彼女は父が止めないだろうことをわかっていた。

ラマーはすぐに舞台や映画での名声を手にする。しかし彼女の出世に障害がないわけではなかった。最初の障害は、裕福な(そしてしつこい)兵器商人、フリードリヒ・〝フリッツ〟・マンドルとの結婚だった。即座に彼は女優として人前に出る仕事を辞めさせ、家での新しい役割、つまりトロフィーワイフ〔訳注1〕としての務めを果たすように強いた。しかし、夫と親しい有力者たちを興奮させるために使われるアクセサリーになることは、彼女の性に合わなかった。「どんな女の子だってグラマラスになれる」とラマーは言った。「バカなふりして黙って立ってればいいんだから」(3)

まもなくラマーは脱出を計画し始めた。きれいにヘアスタイルをセットした観葉植物としてふるまいながら、外交官、政治家、将軍、ベニート・ムッソリーニといった客と夫がする秘密めいた会話に注意深く耳をそばだてた。ラマーは夫が離婚を許さなかったら、集めた情報を活用して支配欲の強い夫を告発しようと計画していたのである。その日が来ることはなかった。一九三七年、マンドルが喧嘩をして怒りながら狩猟小屋に引っ込んだあと、ラマーはロンドンに向かって出発した。大二つ、小三つのトランクに三つのスーツケース、そして運べるだけの宝石類を持って(金を国外に持ち出すことは困難だった)。到着後、彼女はMGMスタジオの所長で米国で最高給与を得ている経営幹部であるルイス・B・メイヤーに自分を紹介する段取りを整えることができた。二人はちょっとしたパーティで出会った。彼は手にしていた煙草の火を消すと、ラマーが芸術映画でヌードを披露したことで軽く責めた。「私はスクリーンでひらひら飛び回る素っ裸の女の子について世間が考えることが好きじゃないんだ」(4)。また出てきた。世間の考え。メイヤーはラマーが自力でカリフォルニアまで来られるなら、週給一二五ドルでMGMと契約しないかと持ちかけた。ラマーは彼の申し出を断った。わいせつな場面があろうがなかろうが、ラマーはメイヤーが自分をどう調べたかで自分の価値を知った。そしてそれは、彼の提示額よりも高かったのである。

しかしラマーはメイヤーがハリウッドへの最短切符であることも理解していた。それでMGM幹部夫妻が一〇二八フィートの遠洋定期船に飛び乗って米国に向かった際、ラマーも同じ船に席を確保した。船がアメリカ本土に到着するまで、メイヤーは提示額を七年契約で週給五〇〇ドルに値上げした。英語のレッスンと名前の変更が条件だった。大西洋横断中に卓球台の上で決められた彼女の新しい名前は、劇場入口の看板に掲載しやすい短いものになった。二二歳のヘートヴィヒ・キースラーは船から降りて、新たにヘディ・ラマーとなった。ラマーは七カ月後に初めてハリウッド映画に出演した。

キャリアアップするにつれ、ラマーは自分が仕事時間外のハリウッドがあまり好きではないことに気が付いた。ラマー曰く「ずっとからかってくる人たち」と社交する催しが多すぎるのである。ラマーは実験したり工作したりすることを好んだ。世界の仕組みについて休むことなく静かに考えたくて、ラマーは応接間をワークショップに変え、心を奪われるようなたくさんのアイデアをいじくり回すことにした。そこでは、ティッシュ用のゴミ捨て容器から炭酸水まで、すべてが再考の対象となった。炭酸水のアイデアを思いついた時は、ラマーは飛ぶ鳥を落とす勢いの大物実業家ハワード・ヒューズを説得して、二人の化学者を借り、ブイヨンキューブをおいしいコーラに変える実験を手伝わせた。数年後の『フォーブス』誌で、ラマーはこの奮闘について「大失敗だったわ」(5)と笑い飛ばした。

一九四〇年、第二次世界大戦についてのニュースはより深刻なものになっていた。ちょうど一カ月違いで、安全な海域に子供たちを運ぶ二隻の遠洋定期船がドイツのUボートによる魚雷で爆破された。二度目の攻撃では、ラマーの母国語を話す人々によって七七人の子供が殺された。ラマーは動揺し、激怒した。彼女は心の底から連合軍を助ける方法を見つけたいと思った。おそらく、と彼女は考えた。ドイツの軍事技術について集めてきたすべての情報は、ドイツ軍の攻撃から防御するために役立つかもしれない。

ラマーは、第二の祖国の役人たちに情報を伝えることを真剣に考えるあまり、一時は女優業を止めて全米発明家協議会にマンドルの取引について知っていることを提供することを検討した。全米発明家協議会は第二次世界大戦中に、国民から戦争に役立つアイデアを集める一種の情報センターとして設立された組織だ。ラマーは情報提供の代わりに、実用的なものを考案することにした。軍隊が切実に必要としている技術、すなわちもっとうまく魚雷を誘導する方法である。

一九四二年の時点で、米国の魚雷の失敗率は実に六〇%にものぼった。配備前の検査が不適切だったこの武器は、目標物のないボウリングのボールのようにスピンしながら放出された。魚雷は深く潜り込みすぎたり、爆発が早すぎたり、不発のままで終わることが多かった。魚雷が敵の船に命中しても、沈めるほどの力が残っていないこともあった。魚雷にはコースから外れないようにするための良きガイドが必要だった。ラマーは通信について考え始めた。発射を命じた兵士が魚雷のルートを監視できれば、その効果は広大で不安定な海にボウリング用レーンを設置するようなものになるだろう。ミサイルがそれ始めたら、遠くから人間が引き戻すことができる。

技術者たちは何十年もの間、通信問題を考えてたが、いまだ敵に傍受されない解決策を発見していなかった。ラジオ無線は潜水艦と魚雷との間の通信を可能にしたが、その技術は情報が漏れやすいという問題を抱えていた。無線局ができたら、敵はたやすく妨害したり、無線信号を傍受することができた。ラジオ無線は公開されすぎていたのである。兵士が必要としたのは、敵に指示を立ち聞きされることなく兵器と話す方法だった。対妨信技術は一八九八年に米海軍の技術者に提案されたが、周波数をどんどん高くして伝送する解決法は、対抗勢力がお互い相手より有利になるためにどんどん高い不動産を求めるようなもので、長続きはしなかった。しかしラマーは安全でクリアな接続を確保する方法について、もう一つのアイディアを持っていた。単一の周波数を設定すると通信を脆弱にしてしまうので、送信者と受信者が協力して双方とも一つのパターンで周波数をホッピングするという取り組みをすれば、傍受しようとしている人を混乱させることができると彼女は考えた。このアイデアは二台のピアノがユニゾンで演奏することに似ていた。

ラマーがこのアイデアを押し進めることを助けたのが、ラマーの友人で作曲家のジョージ・アンタイルだった。彼は映画音楽を制作して自分の実験音楽の資金にあてていた。アンタイルは一九二六年にパリで制作した曲「バレエ・メカニック」で知られている。最終的には人間が関与したものの、この曲は自動ピアノに同期演奏をさせようとした作品である。ラマーもピアノの名手であったので、時折アンタイルと気晴らしにピアノを連弾することがあった。二人はあたかも、鍵盤の上で追いかけっこを楽しんでいるかのようだった。一人が曲を弾き始めたら、もう一人は曲をとらえて並行して演奏する。ラマーの息子によれば、この同期された音楽の会話は、敵である枢軸国側を出し抜くためのアイデアをラマーにもたらした。アンタイルはすでに機械を同期させる方法をかなり考えていて、一時は米国の軍需品検査官だったこともあったから、自分のアイデアを実装したいラマーには完璧なパートナーだった。

夕方ごとに何時間も電話をして、ラマーのリビングのじゅうたんにマッチ棒などの小物を広げ、二人は周波数ホッピングの発明の基礎を固めた。彼らは一九四一年六月に特許出願した。

ラマーとアンタイルは、発明をお金に換えることよりも戦争に関心を抱いていたから、全米発明家協議会のレビューを求めてワシントンDCに野心的な計画も送った。すばやく肯定的なフィードバックが届いた。『ニューヨーク・タイムズ』紙の特集で、同協議会は承認したことをリークした。その記事はこう始まっている。「映画女優のヘディ・ラマーが今、新しい役割で現れた。発明家である。彼女の発見は国防にとってきわめて重要であるため、政府高官は詳細の発表を控える見込みだ」(6)。ラマーのアイデアは、全米発明家協議会の技術者によって、「重要」に分類された。

真珠湾の爆撃はプロジェクトの認識を変えた。この悲劇によって、既存の米軍魚雷がお粗末な状態であることが明らかになったからだ。このとき、海軍は他のシステムを検証するための帯域幅もなければ興味もないと判断した。ラマーとアンタイルは特許を取得したが、政府との契約は逸した。ラマーの特許は分類され、ファイルにしまい込まれた。発明家が現実世界で展開する機会は、政府閣僚のほこりまみれの後ろポケットに入れられたままになった。

ラマーのアイデアが新しい周波数ホッピング通信技術（後にスペクトラム拡散と呼ばれる）という形で再浮上したのは、二〇年後のことだった。それでもこのアイデアは、ラマーが特許を取得してから三五年後にあたる一九七六年まで公開されることはなかった。

後からわかったことだが、周波数ホッピング通信技術にはミサイルだけでない幅広い用途があった。ラマーのアイデアは、ワイヤレスキャッシュレジスタ、バーコードリーダー、住宅制御システムなど無数の技術への先鞭をつけた。ラマーは有名女優としての長いキャリアがありながら、一九九七年に電子フロンティア財団のパイオニア賞を受賞したことで、ようやく発明の真価が全面的に認められるようになった。受賞について聞かれたラマーはこう答えた。「待ちくたびれたわ」(7)

訳注1　社会的地位を誇示するための若くて美しい妻

引用文献

（1）Gladys Hall, "The Life and Loves of Hedy Lamarr." Modern Romances, 1938. As cited in Richard Rhodes, *Hedy's Folly: The Life and Breakthrough Inventions of Hedy Lamarr, the Most Beautiful Woman in the World*. New York: Vintage Books, 2012.
（2）Ibid.
（3）Richard Schickel, *The Stars*. New York: Dial, 1962.
（4）Hedy Lamarr, *Ecstasy and Me: My Life a Woman*. New York: Fawcett Crest Book, 1967.
（5）Fleming Meeks, "I Guess They Just Take and Forget About a Person," *Forbes*, May 14, 1990. As cited in Richard Rhodes, *Hedy's Folly: The Life and Breakthrough Inventions of Hedy Lamarr, the Most Beautiful Woman in the World*. New York: Vintage Books, 2012.
（6）"Hedy Lamarr Inventor." *New York Times*, October 1, 1941.
（7）Richard Rhodes, *Hedy's Folly: The Life and Breakthrough Inventions of Hedy Lamarr, the Most Beautiful Woman in the World*. New York: Vintage Books, 2012.

ルース・ベネリト
Ruth Benerito
1916-2013
化学者・アメリカ人

綿産業は不景気に見舞われていた。一九六〇年の綿産業は、米国の家庭の衣服のうち、ゆうに六六%を生み出していた。一九七一年になると、綿の市場占有率はほぼ半減した。一九三〇年代と一九四〇年代に開発されたナイロン、ポリエステルなどの合成繊維が、うまくハンガーの上に入り込んだのである。確かに合成繊維には欠点があった。体臭が残りやすく、かゆみを起こすこともある。しかし合成繊維は傑出した芸当を披露した。合成繊維はアイロンを必要としなかったのである

綿のしわ問題は、素材における弱い水素結合の産物だった。分子レベルでは、綿の生地は水素で結合したセルロースの強い鎖からなる。綿を洗うと、このセルロースの鎖がほどけてバラバラになる。一方、水素原子はセルロースをもとの位置に戻そうとはしない。物干しや乾燥機から洗濯物を取り込んでも、綿の衣類はしわが残る。セルロースを平らにするには、アイロンが必要だ。

朝な朝なにアメリカ人は二枚のシャツをかざして見比べた。一枚はクロスがかかった台のセッティング、熱した金属性の物体、時間の余裕を必要とするもの。もう一枚は洗い終わった洗濯物の山からひっぱってすぐにボタンを留めて着られるもの。合成繊維の勢いは止めようがなかった。

少なくとも一九六九年まではそうだった。その年、ルース・ベネリトが綿産

業を崩壊から救うまでは。彼女は形態安定コットンを開発し、綿素材を崖っぷちから復活させたのである。

ベネリトが自分の能力を低く見積もる癖があることに注意しなくてはいけない。「(化学の道に進んだことについて) 私は手先が器用ではありません。あんまり不器用だったものですから、母はなぜ私が化学の道に入ったのかわからないと言っていました」(1)。「(形態安定コットンの開発について) 何人もの人が開発に関わっています」(2)

微細運動能力が優れているかどうかはともかく、ベネリトは一五歳でテュレーン大学付属女子カレッジに進学した。一九三五年、一九歳で化学の学士号を取得する。その年は、化学者の職を志望する学生には厳しい年だった。大恐慌のせいで、ベネリトは自分の専門分野の職につくことができなかったため、高校教師の仕事をしながら大恐慌が過ぎ去るのをじっと待つことにした。絶好のチャンスが、第二次世界大戦中にようやく訪れる。産業界および大学界の男性たちが空けた席が、女性たちに開放されたのだ。ベネリトはテュレーン大学で教え、戦後ようやく博士号を取得した。

人生と教育を振り返ってみると、ベネリトは科学研究におけるそれぞれ別々の二つの節目から恩恵を受けていることに気づいた。最初の節目は、シカゴ大学の博士課程に在籍していた夏に現れた。「それは優れた教育でした。私は前世紀最高の化学者から教えを受けたのですから」(3)。彼女はこともなげに言及した。彼女はシカゴ大学がマンハッタン計画［訳注1］の拠点となっていた時期に在籍していたのである。彼女を教えていた教授のうち何人かはノーベル賞受賞者だった。クラスはごく少人数だったので、ベネリトにはたった一人か二人の同級生しかいなかった。「私がこんなにも良質な化学の下地を得られたのは、当時の大学教育のおかげだと思います」(4)。冷戦――「米国政府がスプートニクと競争していたために科学に多額の資金が投入された時期」(5)――も、ベネリトや同僚たちにとっては好都合な時期だった。

二つの時代の間、ベネリトはテュレーン大学に戻って工業学校で教えた。教え子たちが成功する姿を見守るのは楽しいものだったが、結局は昇進の機会は経験の浅い男性の同僚に与えられることに苛立った。新しい学長がやってくると、彼女は昇給を求めた。学長は、彼女の能力を個人的に評価するには時間が必要だと答えた。これは彼女が今まで経験してきたなかでも極めて明白な拒絶だった。「私はここに一三年間いると申し上げました。もし今のあなたが私を理解していないならば、あなたは決して私を理解することはないでしょう」(6)。彼女は言った。「辞めます」

米国農務省に就職したかつての教え子たちは、ベネリトの辞職を一流の才能を囲い込む好機とみた。ベネリトは一九五三年に、非常に生産的な三三年間のキャリアを築くことになる職場に採用される。米農務省のニューオーリンズ支局の目的は、データ、科学、工学を用いてアメリカの農産物を未来へと導くことだった。ベネリトはアイデアと主導権がいかせる地位に就いた。

今回は、彼女の能力が見過ごされることはなかった。五年もしないうちに、ベネリトは研究室のリーダーに任命された。その研究室は、のちに布地の歴史を塗り替えることになる。冒頭で触れた、壊れやすい長いセルロースの鎖の結合を覚えているだろうか？　セルロースのつながりを強化するために、ベネリトは長いセルロースを「架橋」して短い結合にする実験を行った。架橋ははしごにおける横木のような役割を果たす。洗濯して乾燥させると、架橋が長いセルロースの鎖を適切な位置で支える。これにより布地が平らになるよう整えられ、形態安定繊維となる。

ベネリトは架橋を試みた最初の人間ではなかった。しかしそれまでの試みでは、綿繊維がおかしなことになった。ある綿繊維は非常にこわばり、この繊維であつらえたシャツを着て座るとびりびりと背中まで避けてしまい、超人ハルクのような効果をもたらした。

ベネリトの大きな改革は、添加剤にあった。セルロース鎖に化学的に結合する添加剤ではなく、セルロース鎖の表面を滑らかにする添加剤を発見したのである。彼女の革新は、「洗っただけで着られる」綿産業の幕を開けただけでなく、汚れにくく燃えにくい生地の基礎を作った。レメルソンＭＩＴ生涯功績賞、および農務省の最大功労者賞を（二回も！）受賞した。

ベネリトはそんな肩書を主張するのは落ち着かないだろうけど、「綿花の女王」に即位したのである。

訳注１　米国、イギリス、カナダによる第二次世界大戦中の原子爆弾開発計画

引用文献

（１）Agricultural Research Service, US Department of Agriculture, "Conversations from the Hall of Fame." http://www.ars.usda.gov/is/video/asx/benerito.broadband.asx, accessed August 31, 2014.

（2）Ibid.

（3）Ibid.

（4）Ibid.

（5）Ibid.

（6）Ibid.

ステファニー・クオレク

Stephanie Kwolek

1923-2014

化学者・アメリカ人

ステファニー・クオレクと共著者は、一九五九年に発表した論文「ロープ・トリック」で、「つながったシルクハンカチを帽子からするすると引っ張り出す」[1]ように、正しい化学薬品を使ってだれもが化学製品を生成できる方法を説明した。ビーカーからナイロンを魔法のように作り出すには、まず最初にジカルボン酸クロリドと溶媒を、同量の希釈した脂肪族ジアミンの上に層状になるように注ぐ。これらは水と油のように、隣り合わせのままとどまる。しかしこの二つの液体が接する界面に「杖」を浸けて引き上げると、ほらできあがり！　ナイロンの網がサーカスのテントのように現れ、頂点に集まって糸を形成する。この溶液から大量のナイロンを引き上げることができるため、現代のとある実験者はナイロンの糸を自動ドリルに付着させ、連続的に先端に巻き付かせている。

この化学反応は人目を引く化学ショーの一例だが、クオレクの次なる手品は死に挑むものとなった。一九六四年、彼女は銃弾を止められる布を考案したのである。

子供時代のクオレクに「大人になったら何をしていると思う？」と聞いたとしても、化学者とは答えなかっただろう。布とお裁縫が大好きだった少女時代の彼女は、いつかファッションデザイナーになろうと夢に描いていた。母は娘を説得し、思いとどまらせた。クオレクの完璧主義ゆえに、裾の折り返しの処理に満足しないようなことでもあったら路頭に迷うのではないかと心配したのである。クオレクは科学への愛を育み、気持ちを切り替えて医学の道を志した。

一九四六年、彼女はピッツバーグのカーネギーメロン大学化学学科を卒業した。クオレクは運悪くローンを得られず、学費を用意するまで医科大学への進学を諦めねばならなかった。幸い、クオレクは大学を出てすぐに化学者としてデュポン社に雇われた。面接を受けたあと、クオレクは保留中の別の内定があったため、将来の上司に早めに合否の判定を教えてほしいと頼んだ。面接官はその場ですぐに内定通知を用意した。彼女は後に、この意志をはっきり伝えるスタイルが自分に今の地位をもたらしたのだとひそかに思った。

クオレクの考えとは、数年間デュポン社で働き、医師になるために必要なお金を貯めようというものだった。しかし医科大学を目指す過程でおかしなことが起きた。クオレクは服こそデザインしていなかったかもしれないが、化学薬品を使って新しい未来の布地を作り出していたのである。彼女が作り始めた糸は、どんな素材なら歴史の流れを変える偉業が可能であるのかという概念に挑戦することになった。クオレクがデュポン社で与えられた機会と医科大学で得られるであろう機会を比較すると、初めの頃の野心は消えた。化学の世界を冒険することは実にやりがいに充ちていて、やめられなくなったのだ。

さらに、当時のデュポン社はとりわけ活気にあふれた時期にあった。同社は自然界の物質の驚くべき性質を合成素材で再現するために、あらゆる方法を試していた。たとえば一九三〇年代におけるナイロンの発明は、クモの糸の強さと弾力性から着想を得たものだ。それから三〇年経っても、同社はより優れた合成素材を求めて尽力していた。一九六〇年代のデュポン社は、クオレクにタイヤを補強する鋼鉄の代替品を開発する仕事を課した。より軽量で頑丈な素材が必要だったのだ。

この任務で、クオレクは二つの結晶化ポリマーを組み合わせて液状ポリマーを作ろうと試みた。一般的に、ポリマーAとポリマーBを混合すると、透明でどろどろねばねばしたものが作られる。これを紡げば、糸にすることができた。しかしクオレクが低温でこの処理を繰り返すと、液体ができた。どろどろでもなく、透明でもない。同条件で実験を繰り返しても、クオレクは同じ結果を得た。同僚たちは半信半疑だった。不透明な混合物は、製造用材の候補というよりは、ゴミ箱行きがふさわしいように見えた。紡糸技術担当者は当初、液体が自分の機械に詰まってしまうことを恐れ、液状ポリマーを糸に紡ぐことをちゅうちょした。しかしクオレクは自分の研究を支持し、研究をさらに進めるために一押しした。その結果、実験室でこれまでに見たことのない、驚くほど軽くて強い糸が得られた。一九六四年、クオレクはケブラーを発明したのだ。

「それは正確には『発見の瞬間』ではありませんでした」(2)とクオレクは地元紙に語った。繊維の測定値はぶっちぎり――鋼鉄の五倍の強度で、間違いなく鋼鉄よりも軽い――ではあったが、彼女は自分のデータが適切であることをしっかり確認したかったのである。というのも、ひとたび実験結果をデュポン社に見せれば、会社はただちにリソースをそのプロジェクトに投じてくれるだろうと信頼していたからだ。

クオレクは実験結果を披露したあとでさえ、「小さな液晶がこんなものになるなんて、何千年かかっても決して予測できませんでした」(3)と告白した。デュポン社全チームの注目を一身に浴び、ケブラーの特性はより顕著なものとなった。

高強度とたぐいまれな軽量性のため、ケブラーはオーブン用耐熱手袋から宇宙服、携帯電話まで、あらゆるものに利用されている。防弾チョッキに使われたケブラーは、約三千人の警察官を銃弾から守った。

クオレクの低温製糸法は、液晶ポリマーに関するまったく新しい研究領域を切り開いた。ケブラーの研究とその後のライクラとスパンデックス［訳注1］への貢献により、クオレクは一九九九年にレメルソンＭＩＴ生涯功績賞を受賞した。

奇妙で不透明な液体を超強力な糸に仕上げることは、結果的に驚くべき手品となったのである。

訳注1　スパンデックスは伸縮性に極めて優れたポリウレタン弾性繊維の一般名称。ライクラはその商標。

引用文献

（1）Paul W. Morgan and Stephanie L. Kwolek, "The Nylon Rope Trick: Demonstration of Condensation Polymerization." *Journal of Chemical Education*, April 1959.

（2）Maureen Milford, "Mother of Invention Has Helped Save Thousands." *USA Today*, July 4, 2007.
（3）Ibid.

謝辞

発見、創造、勇気、そして不屈の精神の驚くべき物語の多くは、マリリン・B・オギルビーのような学者や、シャロン・バーチュ・マグレインのようなライターの仕事に負うところが大きい。彼らが公開論文で彼女たちの話を書き留めていてくれなかったら、本書をまとめることができなかっただろう。

本書の執筆にあたり、ドメニカ・アリオトは賢明なアドバイス、穏やかなサポート、素晴らしいフィードバックを提供してくれた。マッケンジー・ブレイディの励ましと点と点をつなぐ熟練した能力は、本書の出版を可能にした。マット・ウェイランドは最初から、イボンヌ・ブリルとその他女性たちを信頼してくれた。ティム・レオン、シャロン・スワビー、ゴードン・リンジー、エリス・クレイグ、ブライアン・ラフキン、ジョーダン・クラチオラ、リディア・ベランガー、レキシー・パンデル、ジュリア・グリーンバーグ、ケヴィン・ニューコメン、ローリー・プランダガスト、ブライアン・モイヤースは、出版前に貴重なフィードバックを提供してくれた。ステファン・スワビー、ショーン・スワビー、ホリー・ブリックレー、ダン・リヨン、ジョン・タラガ、エミリー・ローフ、エイミー・クーパー、ケイトリン・ローパー、シャーリー・リンゼイ、ナンシー・レオン、リッチ・レオン、コートニー・ヒューズは、本当に必要な励ましとサポートを与えてくれた。

イボンヌ・ブリルに。すばらしいビーフストロガノフを作ってくれて……そして通信衛星を軌道から滑り落ちないようにしてくれてありがとう。ビーフストロガノフの件で議論が巻き起こったおかげで、本書の出版を軌道に乗せることができた。通信衛星の件で彼女が記憶にとどめられることを願う。

訳者あとがき

本書は、二〇一五年四月にアメリカで刊行された“Headstrong: 52 Women Who Changed Science—and the World”の翻訳である。著者のレイチェル・スワビーは、カルチャー誌『ワイアード』、オプラ・ウィンフリー率いるユニークな女性誌『オー、ジ・オプラ・マガジン』、文芸誌『ザ・ニューヨーカー』等で活躍するジャーナリストで、本書が初の単著となる。

〝科学者の伝記〟というと、ともすれば図書室にいかめしく居座っている古ぼけた学習書というイメージを持たれがちだが、本書はそのような先入観を軽やかに裏切ってくれる楽しい本だ。スマートかつシニカル、そして少々の茶目っ気をまぶした文体は、科学者というよりロックミュージシャンの評伝のようである。もっとも本書がそのような印象を与えるのは、文体以上に五二人の女性科学者たちのキャラクターそれ自体によるところが大きいだろう。女性の学問が必ずしも歓迎されなかった時代に事実を追求し、世界を変える発見にたどり着いた彼女たちは、親や先生の言うなりにお勉強に励む優等生というよりは、現代のロックミュージシャンに近い存在かもしれない。原題のHeadstrongには、頑固、強情な、聞く耳を持たない、向こう見ずな、わがままな…といった意味があるが、まさに彼女たちは、誰に何を言われても我が道を行く〝ヘッドストロング〟な女子たちなのである。

本書の類書には、すでに邦訳も刊行され大いに話題になった児童書『世界を変えた50人の女性科学者たち』がある（原著“Women in Science: 50 Fearless Pioneers Who Changed the World”の刊行は二〇一六年七月）。二〇一〇年代半ばのアメリカで、女性科学者たちがクローズアップされるようになった背景にも触れておこう。

著者が「はじめに」で触れた女の子のレゴ社宛ての手紙がTwitterに投稿されたのは、二〇一四年一月のことである。この手紙は瞬く間にSNSで拡散され、各大手メディアもこれを取り上げた。有名人でもなんでもない、一般の少女が書きなぐったメッセージがここまで注目を集めたわけは、女子へのSTEM教育ブームがある。STEM教育は、オバマ政権における優先課題だった。米商務省が二〇一一年に発表した報告書“Women in STEM”は、STEM系労働力を確保するには、現状で四分の一しかいない女性のSTEM関連職種就業者を増やす必要があるとしている。報告書はさらに、STEM関連職に女性が少ない理由に、ロールモデルの欠如や無意識の偏見を挙げた。「働いてる人形は男ばかり、女の人形は家の中で遊んでばかりでつまらない」という幼い女の子のメッセージは、大人たちの問題意識を後押しするものだったのである。

こうした関心の高まりを受けて、レゴブロックに女性科学者セットが仲間入りを果たしたのを筆頭に、女の子向けSTEM玩具、STEM職種のファッションドール、STEM少女たちが活躍する児童向けドラマなどが次々に登場する（このあたりのことは拙著『女の子は本当にピンクが好きなのか』［Pヴァイン、二〇一六年］でまとめているので、興味のある方は参照されたい）。女子にSTEM系キャリアのロールモデルを提示しようという動きは当然出版業界にも波及し、女子と科学を組み合わせた絵本や児童書などが刊行されるようになった。本書は児童書ではないが、一連の流れの中に位置づけられるものだろう。

翻って日本はというと、東京医科大学が女子受験生の点数を一律減点していたことが二〇一八年に発覚するなど、「無意識の偏見」以前の問題を抱えていることは否めない。しかしそんな状況だからこそ、古臭い性差別、人種差別の中にあっても頑固に「自分」であろうとした何世代も前の女性たちの姿に鼓舞されることもあるのではないだろうか。誰もができることではないが、世間が求める「いい子」に合わせる以外の道もあるということが、若い女性たちにも（もちろんそうでない人々にも）伝われば幸いである。

最後に、本書の翻訳に際して声をかけてくださった青土社の横山芙美さんにお礼を申し上げたい。一人ひとりの人生はどれも興味深く、終わるのがさみしいくらい楽しい仕事だった。また訳語の選択にあたっては、以下の参考文献を参照した。彼女たちの人生についてもっと詳しく知りたくなった読者の方にもお勧めしたい。

邦訳参考文献

横山美和「19世紀後半アメリカにおける「月経」をめぐる論争の展開　M・P・ジャコービーの『月経中の女性の安静にかんする問題』を中心に」（お茶の水女子大学大学院人間文化創成科学研究科『人間文化創成科学論叢 14』、二〇一一）

シャーウィン・B・ヌーランド 著　曽田能宗 訳『医学をきずいた人びと　名医の伝記と近代医学の歴史（下）』（一九九一、河出書房新社）

エスリー・アン・ヴェア 著、住田和子／住田良仁 訳『環境教育の母　エレン・スワロウ・リチャーズ物語』（東京書籍、二〇〇四）

C・L・ハント著、小木紀之／宮原佑弘 監訳『家政学の母　エレン・H・リチャーズの生涯』（家政教育社、一九八〇）

ルイス・ハーバー著、石館三枝子／中野恭子 訳『20世紀の女性科学者たち』（晶文社、一九八九）

エブリン・フォックス・ケラー 著、石館三枝子／石館康平 訳『動く遺伝子　トウモロコシとノーベル賞』（晶文社、一九八七）

シャロン・バーチュ・マグレイン 著、中村桂子 監訳、中村友子 訳『お母さん、ノーベル賞をもらう　科学を愛した14人の素敵な生き方』（工作舎、一九九六）

The Study of "Fossil Brains": Tilly Edinger (1897–1967) and the Beginnings of Paleoneurology, https://academic.oup.com/bioscience/article/51/8/674/220658

小手鞠るい『科学者 レイチェル・カーソン』（理論社、一九九七）

川島慶子『エミリー・デュ・シャトレとマリー・ラヴワジエ　18世紀フランスのジェンダーと科学』（東京大学出版会、二〇〇五）

吉川惣司、矢島道子『メアリー・アニングの冒険　恐竜学をひらいた女化石屋』（朝日新聞社、二〇〇三）

小暮智一「ハーバード天文台とHD星表の成立　その5」（天文教育普及研究会『天文教育』二〇〇九年九月号）
ブレンダ・マドックス 著、鹿田昌美 訳、福岡伸一 監訳『ダークレディと呼ばれて　二重らせん発見とロザリンド・フランクリンの真実』（化学同人、二〇〇五）
リン・M・オーセン 著、吉村証子／牛島道子 訳『数学史のなかの女性たち』（法政大学出版局、一九八七）
ベンジャミン・ウリー 著、野島秀勝／門田守 訳『科学の花嫁　ロマンス・理性・バイロンの娘』（法政大学出版局、二〇一一）
キム・トッド 著、屋代通子 訳『マリア・シビラ・メーリアン　17世紀、昆虫を求めて新大陸へ渡ったナチュラリスト』（みすず書房、二〇〇八）
中野京子『情熱の女流「昆虫画家」　メーリアン波乱万丈の生涯』（講談社、二〇〇二）
小玉香津子『新装版 人と思想１５５　ナイチンゲール』（清水書院、二〇一五）

二〇一八年一〇月

堀越英美

著作権の表示

以下の施設・団体・媒体に深い感謝の意を表する。

ハーバード大学比較動物学エルンスト・マイヤー図書館

グレン・ジェプセンがティリー・エディンガーに宛てた手紙（一九五七年六月一一日）に書かれた詩の掲載は、ハーバード大学比較動物学エルンスト・マイヤー図書館の好意によるものである。

マーチ・オブ・ダイムス財団

ジョゼフ・F・ニーによるヴァージニア・アプガーへの追悼スピーチ（一九七四年九月一五日）からの抜粋（引用元：『ヴァージニア・アプガー・ペーパーズ』アメリカ国立医学図書館）は、マーチ・オブ・ダイムスの許可を得て転載した。禁無断転載。

『フィラデルフィア・インクワイアラー』

ルース・パトリックの発言（引用元：サンディ・バウワーズ “The Den Mother of Ecology” 二〇〇七年三月五日、copyright © 2015）の抜粋は、『フィラデルフィア・インクワイアラー』の許可を得て転載した。禁無断転載。

ラトガース大学

ラトガース大学によるリン・マーギュリスへのインタビュー（二〇〇四年収録）からの抜粋は、ラトガース大学の許可を得て転載した。禁無断転載。

『シュプリンガー』

ヴィクトル・ハンブルガー “Hilde Mangold, Co-Discoverer of the Organizer”（“the Journal of the History of Biology” Vol. 17, Issue 1 所収、一九八四年一月一日発行）からの抜粋は、『シュプリンガー』の許可を得て転載した。禁無断転載。

米国物理学協会

レフ・コワルスキーの口述記録からの抜粋（引用元：一九六九年三月二〇日に収録されたチャールズ・ワイナーによるレフ・コワルスキー博士のインタビュー）、およびインゲ・レーマンに関するジャック・オリバーの口述記録からの抜粋（引用元：一九九七年九月二七日に収録されたロン・ドゥエルによるジャック・オリバー博士のインタビュー）は、米メリーランド州カレッジパークの米国物理学協会の許可を得て転載した。禁無断転載。
http://www.aip.org/history/ohilist/LINK

大英図書館理事会

ドロシー・スタイン “Ada: A Life And A Legacy”（マサチューセッツ工科大学出版局、一九八五年）からの抜粋は、大英図書館理事会の許可を得て転載した。禁無断転載。

カーネギー研究所

ネッティー・M・スティーブンスへのカーネギー研究助成金の交付申請に含まれたトーマス・ハント・モーガンの推薦状（カーネギー研究所データベースアーカイブ所収、箱番号 24、フォルダ番号 30、一九〇三年六月二七日〜一九七八年六月）の抜粋は、カーネギー研究所の許可を得て転載した。禁無断転載。

リリー図書館

H. J. マラーからシャーロット・アワーバックへのウェスタン・ユニオン電信の抜粋（一九四一年六月二一日付。ボックス 16-30、アワーバック、シャーロット、一九三八－一九六七、マラー原稿）

の掲載は、インディアナ州インディアナ大学ブルーミントン校リリー図書館の好意によるものである。

『ミルウォーキー・ジャーナル』

マルグリット・ペレー“Madame Curie's Assistant: Scientific Battle Won, She's Losing Medical One”(一九六二年七月一五日）からの抜粋は、『ミルウォーキー・ジャーナル』の許可を得て転載した。禁無断転載。

米国アカデミー出版

シャロン・バーチュ・マグレイン“Nobel Prize Women in Science: Their Lives, Struggles and Momentous Discoveries”※（米国科学アカデミー、copyright © 2001 ）からの抜粋は、米国アカデミー出版の許可を得て転載した。禁無断転載。
※邦訳は『お母さん、ノーベル賞をもらう　科学を愛した14人の素敵な生き方』（工作舎、中村桂子監訳、中村友子訳）

王立協会

G. H. ビール“Charlotte Auerbach, 14 May 1899 - 17 March 1994”（“Biographical Memoirs of Fellows of the Royal Society”Vol.41 所収、一九九五年一一月発行、二〇－四二頁）からの抜粋は、王立協会からの許可を得て転載した。禁無断転載。

This I Believe, Inc.

“This I Believe Essay Collection”のゲルティ・コリ発言部分（copyright © 1952）は、This I Believe, Inc. の許可を得て使用した。
http://thisibelieve.org/（copyright © 2005-2015）

ウェイン州立大学

“Yvonne Brill Oral History Transcript”（ウェイン州立大学ウォルター・P・ルーサー労働都市問題図書館“Profiles of SWE Pioneers Oral History Project”内“Engineering Pioneers Oral History: Yvonne Brill”所収）からの抜粋は、ウェイン州立大学ウォルター・P・ルーサー労働都市問題図書館の許可を得て転載した。禁無断転載。

索引

さ行

た行

な行

は行

ま行

や行

ら行

わ行

参考文献

はじめに

Charlotte to Lego Company, January 25, 2014, in Sociological Images, http://thesocietypages.org/socimages/2014/01/31/this-month-in-socim ages-january-2014/.

Martin, Douglas, "Yvonne Brill, a Pioneering Rocket Scientist, Dies at 88." *New York Times,* March 30, 2013.

Sharp, Evelyn, *Hertha Ayrton: 1854-1923, a Memoir.* London: E. Arnold & Company, 1926.

Sherr, Lynn, *Sally Ride: America's First Woman in Space.* New York: Simon & Schuster, 2014.

医学

メアリ・パトナム・ジャコービー

Bittel, Carla Jean, *Mary Putnam Jacobi and the Politics of Medicine in Nineteenth-Century America.* Chapel Hill: University of North Carolina Press, 2009.

Clarke, Edward H., *Sex in Education or, A Fair Chance for Girls.* Boston: James R. Osgood and Company, 1875.

Jacobi, Mary Putnam, *Life and Letters of Mary Putnam Jacobi.* New York: G. P. Putnam's Sons, 1925.

———, *The Question of Rest for Women During Menstruation.* New York: G. P. Putnam's Sons, 1877.

Smeltzer, Ronald K., Robert J. Ruben, and Paulette Rose, *Extraordinary Women in Science & Medicine: Four Centuries of Achievement.* New York: Grolier Club, 2013.

アナ・ウェッセル・ウィリアムズ

Barry, John M., *The Great Influenza: The Story of the Deadliest Pandemic in History.* New York: Penguin Books, 2005. Emrich, John, "Anna Wessels Williams, M.D.: Infectious Disease Pioneer and Public Health Advocate." *AAI Newsletter,* March/April 2012.

Morantz-Sanchez, Regina Markell, *Sympathy & Science: Women Physicians in American Medicine.* Chapel Hill: University of North Carolina Press, 2000.

"94 Retired by City; 208 More Will Go." *New York Times,* March 24, 1934.

Ogilvie, Marilyn Bailey, and Joy Dorothy Harvey, *The Biographical Dictionary of Women in Science: Pioneering Lives from Ancient Times to the Mid-Twentieth Century.* New York: Routledge, 2000.

Yount, Lisa, *A to Z of Women in Science and Math.* New York: Facts on File, 2008.

アリス・ボール

Encyclopædia Britannica Online. s. v. "leprosy." http://www.britannica.com/EBchecked/topic/336868/leprosy, accessed October 14, 2014.

London, Jack, *The Cruise of the Snark.* New York: Macmillan, 1911.

Wermager, Paul, and Carl Heltzel, "Alice A. Augusta Ball: Young Chemist Gave Hope to Millions." *ChemMatters,* February 2007.

ゲルティ・ラドニッツ・コリ

McGrayne, Sharon Bertsch, *Nobel Prize Women in Science: Their Lives, Struggles, and Momentous Discoveries.* 2nd ed. Washington, DC: National Academies Press, 2001.（邦訳：シャロン・バーチュ・マグレイン著、中村桂子監訳、中村友子訳『お母さん、ノーベル賞をもらう　科学を愛した14人の素敵な生き方』工作舎、一九九六年）

Smeltzer, Ronald K., Robert J. Ruben, and Paulette Rose, *Extraordinary Women in Science & Medicine: Four Centuries of Achievement.* New York: Grolier Club, 2013.

ヘレン・タウシグ

Altman, Lawrence K., "Dr. Helen Taussig, 87, Dies; Led in Blue Baby Operation." *New York Times,* May 22, 1986.

Bart, Jody, *Women Succeeding in the Sciences: Theories and Practices Across Disciplines.* West Lafayette, IN: Purdue Research Foundation, 2000.

Smeltzer, Ronald K., Robert J. Ruben, and Paulette Rose, *Extraordinary Women in Science & Medicine: Four Centuries of Achievement.* New York: Grolier Club, 2013.

Stevenson, Jeanne Hackley, "Helen Brooke Taussig, 1898: The 'Blue Baby' Doctor." *Notable Maryland Women.*

Cambridge, MD: Tidewater, 1977.

エルシー・ウィドウソン

Ashwell, Margaret, "Elsie May Widdowson, C.H., 21 October 1906-14 June 2000." Biographical

———, "Obituary: Elsie Widdowson (1906-2000)." *Nature*, August 24, 2000.

"Dr. Elsie Widdowson." *MRC Human Nutrition Research*, Elsie Widdowson Laboratory. http://www.mrc-hnr.cam.ac.uk/about-us/history/dr-elsie-widdowson-ch-cbe- s/, accessed September 24, 2014.

Elliott, Jane, "Elsie—Mother of the Modern Loaf." *BBC News*, March 25, 2007.

"Elsie Widdowson." *Economist*, June 29, 2000.

"Elsie Widdowson." *Telegraph*, June 22, 2000.

Weaver, L. T., "Autumn Books: McCance and Widdowson—A Scientific Partnership of 60 Years." *Archives of Disease in Childhood*, 1993.

ヴァージニア・アプガー

Apgar, Virginia, Letter to Allen O. Whipple. Mount Holyoke College, Archives and Special Collections, Virginia Apgar Papers, MS 0504, November 29, 1937.

Nee, Joseph F., "Eulogy—Memorial Service for Dr. Virginia Apgar." Mount Holyoke College. Archives and Special Collections. L. Stanley James Papers. MS 0782, Box 2, Folder 2: Correspondence about Apgar 1973-1975, September 15, 1974.

"The Virginia Apgar Papers: Biographical Information." U.S. National Library of Medicine. http://profiles.nlm.nih.gov/ps/retrieve/Narrative/CP/p-nid/178, accessed June 13, 2014.

"The Virginia Apgar Papers: Obstetric Anesthesia and a Scorecard for Newborns, 1949-1958." U.S. National Library of Medicine. http://profiles.nlm.nih.gov/ps/retrieve/Narrative/CP/p-nid/178, accessed June 13, 2014.

"The Virginia Apgar Papers: The National Foundation-March of Dimes, 1959-1974." US National Library of Medicine. http://profiles.nlm.nih.gov/ps/retrieve/Narrative/CP/p-nid/178, accessed June 13, 2014.

ドロシー・クローフット・ホジキン

"Dorothy Crowfoot Hodgkin—Biographical." http://www.nobelprize.org/nobel_prizes/chemistry/laureates/1964/hodgkin-bio.html, accessed October 13, 2014.

McGrayne, Sharon Bertsch, *Nobel Prize Women in Science: Their Lives, Struggles, and Momentous Discoveries*. 2nd ed. Washington, DC: National Academies Press, 2001.

"The Nobel Prize in Chemistry 1964," Nobel Prize. http://www.nobelprize.org/nobel_prizes/chemistry/laureates/1964/, accessed August 15, 2014.

ガートルード・ベル・エリオン

"Gertrude B. Elion—Biographical." http://www.nobelprize.org/nobel_ prizes/medicine/laureates/1988/elion-bio.html, accessed October 14, 2014.

McGrayne, Sharon Bertsch, *Nobel Prize Women in Science: Their Lives, Struggles, and Momentous Discoveries*. 2nd ed. Washington, DC: National Academies Press, 2001.

Smeltzer, Ronald K., Robert J. Ruben, and Paulette Rose, *Extraordinary Women in Science & Medicine: Four Centuries of Achievement*. New York: Grolier Club, 2013.

ジェーン・ライト

Chung, King-Thom, *Women Pioneers of Medical Research: Biographies of 25 Outstanding Scientists*. Je fferson, NC: McFarland, 2010.

"Homecoming for Jane Wright." *Ebony*, May 1968.

Jones, Alison, personal interview, September 14, 2014.

Piana, Ronald, "Jane Cooke Wright, MD, ASCO Cofounder, Dies at 93." *ASCO Post*, March 15, 2013.

Swain, Sandra M., "A Passion for Solving the Puzzle of Cancer: Jane Cooke Wright, M.D., 1919-2013." *Oncologist*, June 2013.

Warren, Wini, *Black Women Scientists in the United States*. Bloomington: Indiana University Press, 1999.

Webber, Bruce, "Jane Wright, Oncology Pioneer, Dies at 93." *New York Times*, March 2, 2013.

Wright, Jane C., "Cancer Chemotherapy: Past, Present, and Future—Part I." *JAMA*, August 1984.

Yount, Lisa, *Black Scientists*. New York: Facts on File, 1991.

生物学と環境

マリア・ジビーラ・メーリアン

Haines, Catharine M. C., *International Women in Science: A Biographical Dictionary to 1950.* Santa Barbara, CA: ABC-CLIO, 2001.

"Maria Sibylla Merian: 1647-1717." National Museum of Women in the Arts. http://nmwa.org/explore/artist-profiles/maria-sibylla-merian, accessed September 7, 2014.

Todd, Kim, *Chrysalis: Maria Sibylla Merian and the Secrets of Metamorphosis.* Orlando, FL: Harcourt, 2007.（邦訳：キム・トッド著、屋代通子訳『マリア・シビラ・メーリアン　17世紀、昆虫を求めて新大陸へ渡ったナチュラリスト』みすず書房、二〇〇八年）

ジャンヌ・ヴィルプルー＝パワー

Brunner, Bernd, *The Ocean at Home: An Illustrated History of the Aquarium.* London: Reakton Books, 2003.

Encyclopædia Britannica Online. s. v. "Jeanne Villepreux-Power." http://www.britannica.com/EBchecked/topic/1759584/Jeanne-Villepreux -Power, accessed October 14, 2014.

Gage, Joslyn Matilda, "Woman as an Inventor." In *North American Review*, edited by Allen Thorndike Rice. New York: AMS Press, 1883.

Groeben, Christiane, "Tourists in Science: 19th Century Research Trips to the Mediterranean." *Proceedings of the California Academy of Sciences,* 2008.

Power, Jeannette, "Observations on the Habits of Various Marine Animals." *Annals and Magazine of Natural History.* London: Taylor & Francis, 1857.

メアリー・アニング

Dickens, Charles, "Mary Anning, the Fossil Finder." *All the Year Round,* July 22, 1865.

Emling, Shelley, *The Fossil Hunter: Dinosaurs, Evolution, and the Woman Whose Discoveries Changed the World,* New York: Palgrave Macmillan, 2009.

Ogilvie, Marilyn Bailey, *Women in Science: Antiquity Through the Nineteenth Century.* Cambridge, MA: MIT Press, 1993.

エレン・スワロー・リチャーズ

Clarke, Robert, *Ellen Swallow: The Woman Who Founded Ecology.* Chicago: Follett Publishing Company, 1973.

"Ellen Swallow Richards." MIT History. http://libraries.mit.edu/mithistory/community/notable-persons/ellen-swallow-richards/, accessed August 30, 2014.

Hunt, Caroline Louisa, *The Life of Ellen H. Richards.* Boston: Whitcomb & Barrows, 1912.（邦訳：C・L・ハント著、小木紀之／宮原佑弘監訳『家政学の母　エレン・H. リチャーズの生涯』家政教育社、一九八〇年）

Ogilvie, Marilyn Bailey, *Women in Science: Antiquity Through the Nineteenth Century.* Cambridge, MA: MIT Press, 1993.

Talbot, H. P., "Ellen Swallow Richards: Biography." *Technology Review,* 1911.

アリス・ハミルトン

"Alice Hamilton." *Chemical Heritage Foundation.* http://www.chemheritage.org/discover/online-resources/chemistry-in-history/themes/public-and-environmental-health/public-health-and-safety/richards-e.aspx, accessed May 19, 2014.

Hamilton, Alice, *Exploring the Dangerous Trades.* Boston: Little, Brown, 1943.

アリス・エヴァンス

Colwell, Rita R., "Alice C. Evans: Breaking Barriers." *Yale Journal of Biology and Medicine,* 1999.

Evans, Alice C, *Memoirs.* Unpublished, 1963. In Alice Catherine Evans. Papers, #2552, Division of Rare and Manuscript Collections. Cornell University Library.

Oakes, Elizabeth H., *Encyclopedia of World Scientists.* New York: Infobase, 2007.

United States Livestock Sanitary Association, Proceedings, Annual Meeting of the United States Livestock Sanitary Association, vols. 25-30, 1922.

Yount, Lisa, *A to Z of Women in Science and Math.* New York: Facts on File, 2008.

ティリー・エディンガー

Buchholtz, Emily A., and Ernst-August Seyfarth, "The Gospel of the Fossil Brain: Tilly Edinger and the Science of Paleoneurology." *Brain Research Bulletin,* 1999.

———, "The Study of 'Fossil Brains': Tilly Edinger (1897-1967) and the Beginnings of Paleoneurology." *BioScience,* 2001.

レイチェル・カーソン

Carson, Rachel, *Lost Woods: The Discovered Writing of Rachel Carson.* Edited by Linda Lear. Boston: Beacon Press, 1998.（邦訳：レイチェル・カーソン著、リンダ・リア編、古草秀子訳『失われた森　レイチェル・カーソン遺稿集』集英社、二〇〇〇年）

———, *Silent Spring.* New York: Houghton Mifflin, 1962.（邦訳：レイチェル・カーソン著、青樹簗一訳『沈黙の春』新潮社、一九七四年〔改版あり〕）

Lear, Linda, *Rachel Carson: Witness for Nature.* New York: Henry Holt, 1997.

Lewis, Jack, "The Birth of EPA." *EPA Journal,* November 1985.

Mahoney, Linda, "Rachel Carson (1907-1964)." National Women's History Museum. http://www.nwhm.org/education-resources/biography/biographies/rachel-carson/, accessed June 13, 2014.

"Rachel Carson Dies of Cancer. 'Silent Spring' Author Was 56." *New York Times,* April 15, 1964. http://www.nytimes.com/learning/general/onthisday/bday/0527.html, accessed June 13, 2014.

Rothman, Joshua, "Rachel Carson's Natural Histories." *The New Yorker,* September 27, 2012. http://www.newyorker.com/books/page-turner/rachel-carsons-natural-histories, accessed June 13, 2014.

Sideris, Lisa H., and Kathleen Dean Moore, eds., *Rachel Carson: Legacy and Challenge.* Albany: State University of New York Press, 2008.

ルース・パトリック

"Almost Had a War on Her Hands." *Sydney Morning Herald,* August 11, 1960.

Bauers, Sandy, "Ruth Patrick: 'Den Mother of Ecology.'" *Philadelphia Inquirer,* March 5, 2007.

Belardo, Carolyn, "Pioneering Ecologist Dr. Ruth Patrick Dies." Academy of Natural Sciences of Drexel University, accessed September 1, 2014.

Dicke, William, "Ruth Patrick, a Pioneer in Science and Pollution Control Efforts, Is Dead at 105." *New York Times,* September 24, 2013. http://www.nytimes.com/2013/09/24/us/ruth-patrick-a-pion r-in-pollution-control-dies-at-105.html?pagewanted=all&_r=0, accessed September 1, 2014.

"Dr. Ruth Patrick." WHYY. http://www.whyy.org/tv12/RuthPatrick.html, accessed September 1, 2014.

"Lecture 2: Biodiversity—Tom Lovejoy—Los Angeles." Reith Lectures, *BBC.* http://www.bbc.co.uk/radio4/reith2000/lecture2.shtml, accessed September 2, 2014.

Patrick, Ruth, "Some Diatoms of Great Salt Lake." *Bulletin of the Torrey Botanical Club,* March 1936.

Roddy, Michael, "Pollution Fears Come to Lakes, Springs." Associated Press, January 8, 1984.

遺伝学と発生学

ネッティー・スティーヴンズ

Brush, Stephen G., "Nettie M. Stevens and the Discovery of Sex Determination by Chromosomes." *Isis,* June 1978.

Cross, Patricia C., and John P. Steward, "Nettie Maria Stevens: Turn-of- the-Century Stanford Alumna Paved Path for Women in Biology." *Stanford Historical Society,* Winter 1993.

Gilbert, S. F., *Developmental Biology.* 6th ed. Sunderland, MA: Sinauer Associates, 2000. Chapter 17, Sex Determination. Available from: http://www.ncbi.nlm.nih.gov/books/NBK9985/.

Hagen, Joel B., *Doing Biology.* New York: HarperCollins College Publishers, 1996.

Hake, Laura, "Genetic Mechanisms of Sex Determination." *Nature Education,* 2008.

"Nettie Stevens Uses Diptera to Describe Two Heterochromosomes." *An American Amalgam: The Chromosome Theory of Heredity* . Cold Spring Harbor, NY: Cold Spring Harbor Laboratory Press, 2004.

Ogilvie, Marilyn Bailey, *Women in Science: Antiquity Through the Nineteenth Century.* Cambridge, MA: MIT Press, 1993.

Stevens, N. M., *Studies in Spermatogenes , Part I & Part II*. Washington DC: Carnegie Institution of Washington, 1905 & 1906.

ヒルデ・マンゴルト

Doty, Maria, "Hilde Mangold (1898-1924)." Embryo Project at Arizona State University. http://embryo.asu.edu/pages/hilde-mangold-1898-1924, accessed September 20, 2014.

Hagan, Joel B., "Nettie Stevens & the Problem of Sex Determination." http://www1.umn.edu/ships/db/stevens.pdf, accessed September 22, 2014.

Hamburger, Viktor, "Hilde Mangold: Co-Discoverer of the Organizer." *Journal of the History of Biology*, Spring 1984.

Sander, Klaus, and Peter E. Faessler, "Introducing the Spemann-Mangold Organizer: Experiments and Insights That Generated a Key Concept in Developmental Biology." *International Journal of Developmental Biology*, 2001.

シャーロット・アワーバック

Beale, G. H., "Charlotte Auerbach, 14 May 1899-17 March 1994." *Biographical Memoirs of Fellows of the Royal Society*, November 1995.

Haines, Catharine M. C., *International Women in Science: A Biographical Dictionary to 1950*. Santa Barbara, CA: ABC-CLIO, 2001.

バーバラ・マクリントック

Keller, Evelyn Fox, *A Feeling for the Organism: The Life and Work of Barbara McClintock*. New York: Henry Holt, 1983.（邦訳：エブリン・フォックス・ケラー著、石館三枝子／石館康平訳『動く遺伝子　トウモロコシとノーベル賞』晶文社、一九八七年）

McGrayne, Sharon Bertsch, *Nobel Prize Women in Science: Their Lives, Struggles, and Momentous D coveries*. 2nd ed. Washington, DC: National Academies Press, 2001.

Nobel Prize, http://www.nobelprize.org/nobel_prizes/medicine/laureates/1983/, accessed August 4, 2014.

サロメ・グリュックゾーン・ウェルシ

Ambrose, Susan A., et al., *Journeys of Women in Science and Engineering: No Universal Constants*. Philadelphia: Temple University Press, 1997.

Gluecksohn-Schoenheimer, S., "The Development of Two Tailless Mutants." *Genetics*, 1938.

Solter, Davor, "In Memoriam: Salome Gluecksohn-Waelsch (1907-2007)." *Developmental Cell*, January 2008.

Waelsch, Salome, "The Causal Analysis of Development in the Past Half Century: A Personal History." *Development*, 1992.

リータ・レーヴィ＝モンタルチーニ

McGrayne, Sharon Bertsch, *Nobel Prize Women in Science: Their Lives, Struggles, and Momentous Discoveries*. 2nd ed. Washington, DC: National Academies Press, 2001.

Smeltzer, Ronald K., Robert J. Ruben, and Paulette Rose, *Extraordinary Women in Science & Medicine: Four Centuries of Achievement*. New York: Grolier Club, 2013.

ロザリンド・フランクリン

Maddox, Brenda, *Rosalind Franklin: The Dark Lady of DNA*. New York: HarperCollins, 2002.（邦訳：ブレンダ・マドックス著、鹿田昌美訳、福岡伸一 監訳『ダークレディと呼ばれて　二重らせん発見とロザリンド・フランクリンの真実』化学同人、二〇〇五年）

McGrayne, Sharon Bertsch, *Nobel Prize Women in Science: Their Lives, Struggles, and Momentous Discoveries*. 2nd ed. Washington, DC: National Academies Press, 2001.

Watson, James, *The Double Helix: A Personal Account of the Discovery of the Structure of DNA*. New York: Scribner, 1968.

アン・マクラーレン

Biggers, John D., "Research in the Canine Block." *International Journal of Developmental Biology*, 2001.

Clarke, Ann G., "Anne McLaren—A Tribute from Her Research Students." *International Journal of Developmental Biology*, 2001.

Hogan, Brigid, "From Embryo to Ethics: A Career in Science and Social Responsibility: An Interview with Anne

McLaren." *International Journal of Developmental Biology*, 2001.
Renfree, Marilyn, and Roger Short, "In Memoriam." *International Journal of Developmental Biology*, 2008.
Surani, Azim, and Jim Smith, "Anne McLaren (1927-2007)." *Nature*, August 16, 2007.

リン・マーギュリス

Lake, James A., "Lynn Margulis (1938-2011)." *Nature*, December 22, 2011.
Margulis, Lynn, "Chapter 7: Lynn Margulis." In John Brockman [ed.], *The iThrd Culture: Beyond the Scientific Revolution*. New York: Simon & Schuster, 1995.
Rose, Steven, "Lynn Margulis," obituary. *Guardian*, December 11, 2011.
Rutgers Research Channel, "Lynn Margulis 2004 Rutgers Interview." https://www.youtube.com/watch?v=b8xqu_TIQPU>.
Sagan, Dorion, *Lynn Margulis: The Life and Legacy of a Scientific Rebel*. White River Junction, VT: Chelsea Green, 2012.
Teresi, Dick, "Discover Interview: Lynn Margulis Says She's Not Controversial, She's Right," *Discover*, June 17, 2011.
Webber, Bruce, "Lynn Margulis, Evolution Theorist, Dies at 73." *New York Times*, November 25, 2011. http://www.nytimes.com/2011/11/25/science/lynn-margulis-trailblazing-theorist-on-evolution-dies-at-73.html?_r=0&pagewanted=print.

物理学

エミリー・デュ・シャトレ

du Châtelet, Émilie, "Translator's Preface for *The Fable of the Bees*." In Judith P. Zinsser (ed.), *Émilie du Châtelet: Selected Philosophical and Scientific Writings*. Chicago: University of Chicago Press, 2009.
Ogilvie, Marilyn Bailey, *Women in Science: Antiquity Through the Nineteenth Century*. Cambridge, MA: MIT Press, 1993.
Smeltzer, Ronald K., Robert J. Ruben, and Paulette Rose, *Extraordinary Women in Science & Medicine: Four Centuries of Achievement*. New York: Grolier Club, 2013.
Zinsser, Judith P., *Émilie du Châtelet: Daring Genius of the Enlightenment*. New York: Penguin Books, 2007.

リーゼ・マイトナー

McGrayne, Sharon Bertsch, *Nobel Prize Women in Science: Their Lives, Struggles, and Momentous Discoveries*. 2nd ed. Washington, DC: National Academies Press, 2001.
Meitner, Lise, "Looking Back." *Bulletin of the Atomic Scientists*, November 1964.

イレーヌ・ジョリオ＝キュリー

Interview with Lew Kowarski by Charles Weiner, Niels Bohr Library & Archives, American Institute of Physics, College Park, MD, www.aip.org/ history/ohilist/4717_1.html.
McGrayne, Sharon Bertsch, *Nobel Prize Women in Science: Their Lives, Struggles, and Momentous Discoveries*. 2nd ed. Washington, DC: National Academies Press, 2001.
"Mlle. Curie Reads Thesis." *New York Times*, March 31, 1925.

マリア・ゲッパート＝メイヤー

Born, Max. *My Life: Recollections of a Nobel Laureate*, New York: Scribner, 1978.
Mayer, Maria Goeppert, "The Shell Model." Nobel Lecture, December 12, 1963.
McGrayne, Sharon Bertsch, *Nobel Prize Women in Science: Their Lives, Struggles, and Momentous Discoveries*. 2nd ed. Washington, DC: National Academies Press, 2001.
Sachs, Robert G., "Maria Goeppert Mayer." In Edward Shils [ed.], *Remembering the University of Chicago: Teachers, Scientists, and Scholars*. Chicago: Universi of Chicago Press, 1991.
Smeltzer, Ronald K., Robert J. Ruben, and Paulette Rose, *Extraordinary Women in Science & Medicine: Four Centuries of Achievement*. New York: Grolier Club, 2013.

マルグリット・ペレー

Byers, Nina, and Gary Williams, *Out of the Shadows: Contributions of Twentieth-Century Women to Physics*. New York: Cambridge University Press, 2006.

Haines, Catharine M. C., *International Women in Science: A Biographical Dictionary to 1950*. Santa Barbara, CA: ABC-CLIO, 2001.

"Madame Curie's Assistant: Scientific Battle Won, She's Losing Medical One." *Milwaukee Journal*, July 15, 1962.

Rayner-Canham, Marelene F., and Geoffrey Rayner-Canham, *Women in Chemistry: Their Changing Roles from Alchemical Times to the Mid-Twentieth Century*. Philadelphia: Chemical Heritage Foundation, 2001.

呉健雄

McGrayne, Sharon Bertsch, *Nobel Prize Women in Science: Their Lives, Struggles, and Momentous Discoveries*. 2nd ed. Washington, DC: National Academies Press, 2001.

Smeltzer, Ronald K., Robert J. Ruben, and Paulette Rose, *Extraordinary Women in Science & Medicine: Four Centuries of Achievement*. New York: Grolier Club, 2013.

ロサリン・サスマン・ヤロー

McGrayne, Sharon Bertsch, *Nobel Prize Women in Science: Their Lives, Struggles, and Momentous Discoveries*. 2nd ed. Washington, DC: National Academies Press, 2001.

Smeltzer, Ronald K., Robert J. Ruben, and Paulette Rose, *Extraordinary Women in Science & Medicine: Four Centuries of Achievement*. New York: Grolier Club, 2013.

地球と宇宙

マリア・ミッチェル

Mitchell, Maria, *Maria Mitchell: Life, Letters, and Journals*. Boston: Lee & Shepard, 1896.

"This Month in Physics History, Maria Mitchell Discovers a Comet." *Amer- ican Physical Socie* . http://www.aps.org/publications/apsnews/200610/history.cfm, accessed November 7, 2013.

Vassar Historian, "Vassar Encyclopedia: Maria Mitchell." *The Vassar Encyclopedia*. http://vcencyclopedia.vassar.edu/facul /original-facul /maria -mitchell1.html, accessed November 7, 2013.

アニー・ジャンプ・キャノン

Bok, Priscilla F., "Annie Jump Cannon, 1863-1941." *Publications of the Astronomical Society of the Pacific*, June 1941.

Bruck, H. A., "Obituary: Dr. Annie J. Cannon." *Observatory*, 1941.

"Delaware Daughter Star Gazer." *Delmarva Star*, March 11, 1934.

"Dr. Annie Cannon Called 'One of 12 Greatest Living Women.'" *Milwaukee Journal*, April 7, 1936.

Ogilvie, Marilyn Bailey, *Women in Science: Antiquity Through the Nineteenth Century*. Cambridge, MA: MIT Press, 1993.

インゲ・レーマン

Bolt, Bruce A., "50 Years of Studies on the Inner Core." *History of Geophysics*, February 10, 1987.

———, "Inge Lehmann, Contributions of Women to Physics." http://www.physics.ucla.edu/~cwp/articles/bolt.html, accessed September 11, 2014.

Interview of Jack Oliver by Ron Doel on September 27, 1997. Niels Bohr Library & Archives, American Institute of Physics, College Park, MD, http://www.aip.org/history/ohilist/6928_2.html.

Mathez, Edmond A., *Earth: Inside and Out*. New York: New Press, 2000.

Ogilvie, Marilyn Bailey, and Joy Dorothy Harvey, *The Biographical Dictionary of Women in Science: Pioneering Lives from Ancient Times to the Mid-Twentieth Century*. New York: Routledge, 2000.

Rousseau, Christiane, "How Inge Lehmann Discovered the Inner Core of the Earth." *College Mathematics Journal*, November 2013.

マリー・サープ

Felt, Hali, "Marie Tharp: Portrait of a Scientist." *General Bathymetric Chart of the Oceans*. http://www.gebco.net/about_us/gebco_science_day/documents/gebco_sixth_science_day_felt.pdf, accessed September 10, 2014.

———, *Soundings: The Story of the Remarkable Woman Who Mapped the Ocean Floor*. New York: Henry Holt, 2012.

Fox, Margalit, "Marie Tharp, Oceanographic Cartographer, Dies at 86." *New York Times*, August 26, 2006.

Hall, Stephen S., "The Contrary Map Maker." *New York Times*, December 31, 2006.

Levin, Tanya, "Oral History Transcript—Dr. Marie Tharp." *American Institute of Physics.* http://www.aip.org/history/ohilist/22896_4.html, accessed September 10, 2014.

"Ocean Explorer: Soundings, Sea-Bottom, and Geophysics." National Oceanic and Atmospheric Administration. http://oceanexplorer.noaa.gov/history/quotes/soundings/soundings.html, accessed September 10, 2014.

"Remembered: Marie Tharp, Pioneering Mapmaker of the Ocean Floor." Earth Institute at Columbia University. http://www.earth.columbia.edu/news/2006/story08-24-06.php, accessed September 10, 2014.

Tharp, Marie, "Connect the Dots: Mapping the Seafloor and Discovering the Mid-Ocean Ridge." In *Lamont-Doher Earth Observatory of Columbia: Twelve Perspectives on the First Fifty Years 1949-1999,* edited by Laurence Lippsett . Palisades, NY: Lamont-Doherty Earth Observatory of Columbia University, 1999.

イボンヌ・ブリル

Martin, Douglas, "Yvonne Brill, a Pion ring Rocket Scientist, Dies at 88." *New York Times*, March 30, 2013.

Rice, Deborah, "Interview with Yvonne Brill on November 3rd, 2005." Society of Women Engineers. http://www.djgcreate.com/swe/joomla/images/stories/brill/BRILLBRILL.pdf, accessed October 26, 2013.

Wayne, Tiffany K., *American Women of Science Since 1900.* Santa Barbara, CA: ABC-CLIO, 2011.

サリー・ライド

"An Interview with Sally Ride." *Nova* PBS. https://www.youtube.com/watch?v=yb6vw9AmiLs, accessed August 30, 2014.

Grady, Denise, "American Woman Who Shattered Space Ceiling." *New York Times*, July 23, 2012.

Knipfer, Cody, "Sally Ride and Valentina Tereshkova: Changing the Course of Human Space Exploration." NASA. http://www.nasa.gov/topics/history/features/ride_anniversary.html#.VDwXddR4pfF, accessed August 30, 2014.

"Mission to Planet Earth." NASA. http://www.hq.nasa.gov/office/nsp/mtpe.htm, accessed August 30, 2014.

Ride, Sally, *NASA: Leadership and America's Future in Space,* August 1987.

Sherr, Lynn, *Sally Ride: America's First Woman in Space.* New York: Simon & Schuster, 2014.

数学とテクノロジー

マリア・ガエターナ・アニェージ

Alexanderson, Gerald L., "About the Cover: Maria Gaetana Agnesi—A Divided Life." *Bulletin of the American Mathematical Society*, January 2013.

Mazzotti, Massimo, *The World of Maria Gaetana Agnesi, Mathematician of God.* Baltimore, MD: Johns Hopkins University Press, 2007.

Ogilvie, Marilyn Bailey, *Women in Science: Antiquity rough the Nineteenth Century.* Cambridge, MA: MIT Press, 1993.

Smeltzer, Ronald K., Robert J. Ruben, and Paulette Rose, *Extraordinary Women in Science & Medicine: Four Centuries of Achievement.* New York: Grolier Club, 2013.

Stigler, Stephen M., *Statistics on the Table: The History of Statistical Concepts and Methods.* Cambridge, MA: Harvard Universi Press, 1999.

エイダ・ラブレス

"Charles Babbage: Pioneer of the Digital Age: An Exhibition at the Beinecke Library." Yale University Beinecke Rare Books & Manuscript Library. http://beinecke.library.yale.edu/exhibitions/charles-babbage-pioneer-digital-age-exhibition-beinecke-library, accessed September 15, 2014.

Charman-Anderson, Suw, "Ada Lovelace: Victorian Computing Visionary." *Finding Ada.* http://findingada.com/book/ada-lovelace-victorian-com puting-visionary/, accessed August 29, 2014

Menabrea, L. F., "Sketch of the Analytical Engine Invented by Charles Babbage, Esq.," trans. Augusta Ada Byron King, Countess of Lovelace, *Scientific Memoirs,* 1843.

Morais, Betsy, "Ada Lovelace: The First Tech Visionary." *The New Yorker*, October 15, 2013. http://www.newyorker.com/tech/elements/ada-lovelace-the-first-tech-visionary, accessed August 28, 2014.

Smeltzer, Ronald K., Robert J. Ruben, and Paulette Rose, *Extraordinary Women in Science & Medicine: Four Centuries of Achievement.* New York: Grolier Club, 2013.

Stein, Dorothy, *Ada: A Life and a Legacy*. Cambridge, MA: MIT Press, 1985.

フロレンス・ナイチンゲール

Bostridge, Mark, *Florence Nightingale: The Making of an Icon*. New York: Farrar, Straus & Giroux, 2008.

Nelson, Sioban, and Anne Marie Fafferty, *Notes on Nightingale*. Ithaca, NY: ILR Press, 2010.

Nightingale, Florence, *Collected Works of Florence Nightingale*. Waterloo, Ontario, Canada: Wilfrid Laurier University Press, 2009.

Smeltzer, Ronald K., Robert J. Ruben, and Paulette Rose, *Extraordinary Women in Science & Medicine: Four Centuries of Achievement*. New York: Grolier Club, 2013.

ソフィア・コワレフスカヤ

Cooke, Roger, *The Mathematics of Sonya Kovalevskaya*. New York: Springer-Verlag, 1984.

Cooke, Roger L., "The Life of S. V. Kovalevskaya." In Vadim Kuznetsov [ed.], *The Kowalevski Property*. Providence, RI: American Mathematical Society, 2002.

Kovalevskaya, Sofya, *A Russian Childhood*. Translated by Beatrice Stillman, assisted by P. Y. Kochina. New York: Springer, 1978.

Ogilvie, Marilyn Bailey, *Women in Science: Antiquity rough the Nineteenth Century*. Cambridge, MA: MIT Press, 1993.

Smeltzer, Ronald K., Robert J. Ruben, and Paulette Rose, *Extraordinary Women in Science & Medicine: Four Centuries of Achievement*. New York: Grolier Club, 2013.

エミー・ネーター

Angier, Natalie, "The Mighty Mathematician You've Never Heard Of." *New York Times*, March 26, 2012.

Byers, Nina, and Gary Williams, *Out of the Shadows: Contributions of Twentieth-Century Women to Physics*. New York: Cambridge University Press, 2006.

Einstein, Albert, " The Late Emmy Noether." *New York Times*, May 4, 1935.

McGrayne, Sharon Bertsch, *Nobel Prize Women in Science: Their Lives, Struggles, and Momentous Discoveries*. 2nd ed. Washington, DC: National Academies Press, 2001.

Smeltzer, Ronald K., Robert J. Ruben, and Paulette Rose, *Extraordinary Women in Science & Medicine: Four Centuries of Achievement*. New York: Grolier Club, 2013.

メアリー・カートライト

Albers, Donald J., and Gerald L. Alexanderson, *Fascinating Mathematical People: Interviews and Memoirs*. Princeton, NJ: Princeton University Press, 2011.

Davis, Philip J., "Snapshots of a Lively Character: Mary Lucy Cartwright, 1900-1998." *Society for Industrial and Applied Mathematics*. http://www.siam.org/news/news.php?id=863, accessed September 12, 2014.

Dyson, Freeman J., "Mary Lucy Cartwright." In Nina Byers and Gary Williams [eds.], *Out of the Shadows: Contributions of Twentieth-Century Women to Physics*. New York: Cambridge University Press, 2006.

Haines, Catharine M. C., *International Women in Science: A Biographical Dictionary to 1950*. Santa Barbara, CA: ABC-CLIO, 2001.

Jardine, Lisa, "A Point of View: Mary, Queen of Maths." *BBC*, March 8, 2013.

McMurran, Shawnee, and James Tattersall, "Mary Cartwright (1900-1998)." *Notices of the AMS*, February 1999.

Rees, Joan, "Obituary: Dame Mary Cartwright." *Independent*, April 9, 1998. http://www.independent.co.uk/news/obituaries/obituary-dame-mary-cartwright-1155320.html.

グレース・マレー・ホッパー

Ceruzzi, Paul, Introduction to *A Manual of Operation for the Automatic Sequence Controlled Calculator*. Cambridge, MA: MIT Press, 1946.

Hamblen, Diane, Grace M. Hopper, and Elizabeth Dickason, "Biographies in Naval History: Rear Admiral Grace Murray Hopper, USN, 9 December 1906-1 January 1992." Naval History and Heritage Command. http://www.history.navy.mil/bios/hopper_grace.htm, accessed August 20, 2014.

Merzbach, Uta C., "Computer Oral History Collection, Grace Murray Hopper (1906-1992)." Computer Oral History Collection, 1969-1973, 1977, Archives Center, National Museum of American History, July 1968.

Smeltzer, Ronald K., Robert J. Ruben, and Paulette Rose, *Extraordinary Women in Science & Medicine: Four Cen-*

turies of Achievement. New York: Grolier Club, 2013.

発明

ハータ・エアトン

Ayrton, Hertha, Census Form for *Census of England and Wales, 1911*, in *Extraordinary Women in Science & Medicine: Four Centuries of Achievement*. An Exhibition at the Grolier Club, September 18-November 23, 2013.

Byers, Nina, and Gary Williams, *Out of the Shadows: Contributions of Twentieth-Century Women to Physics*. New York: Cambridge University Press, 2006.

Grinstein, Louise S., Rose K. Rose, and Miriam H. Rafailovich, eds., *Women in Chemistry and Physics*. Westport, CT: Greenwood Press, 1993.

"Hughes Medal." The Royal Society. https://royalsocie .org/awards/hughes-medal/ accessed August 17, 2014.

Ogilvie, Marilyn Bailey, *Women in Science: Antiquity rough the Nineteenth Century*. Cambridge, MA: MIT Press, 1993.

Sharp, Evelyn, *Hertha Ayrton: 1854-1923, a Memoir*. London: E. Arnold & Company, 1926.

Smeltzer, Ronald K., Robert J. Ruben, and Paulette Rose, *Extraordinary Women in Science & Medicine: Four Centuries of Achievement*. New York: Grolier Club, 2013.

ヘディ・ラマー

George, Antheil, and Markey Hedy Kiesler, assignee, Secret Communication System, Patent 2292387 A. August 11, 1942.

"Hedy Lamarr Inventor." *New York Times*, October 1, 1941.

Rhodes, Richard, *Hedy's Folly: The Life and Breakthrough Inventions of Hedy Lamarr, the Most Beautiful Woman in the World*. New York: Vintage Books, 2012.

ルース・ベネリト

Agricultural Research Service, US Department of Agriculture, "Conversations from the Hall of Fame." http://www.ars.usda.gov/is/video/asx/benerito.broadband.asx, accessed August 31, 2014.

Condon, Brian D., and J. Vincent Edwards, "Cross-Linking Cotton." *Agricultural Research*, February 2009.

Fox, Margalit, "Ruth Benerito, Who Made Cotton Cloth Behave, Dies at 97." *New York Times*, October 7, 2013.

"Ruth Benerito." Lemelson-MIT Program, Massachusetts Institute of Technology, Cambridge, MA, August 31, 2014. http://lemelson.mit.edu/winners/ruth-benerito.

Wolf, Lauren K.,"Wrinkle-Free Cotton." *Chemical & Engineering News*, American Chemical Society, December 2, 2013.

Yafa, Stephen, *Cotton: The Biography of a Revolutionary Fiber*. New York: Penguin Group, 2005.

ステファニー・クオレク

Lemelson Foundation, "1999 Lemelson-MIT Lifetime Achievement Award Winner Stephanie L. Kwolek." http://youtube/8dX3Z5CyF3c, accessed February 28, 2009.

Milford, Maureen, "Mother of Invention Has Helped Save Thousands." *USA Today*, July 4, 2007.

Morgan, Paul W., and Stephanie L. Kwolek, "The Nylon Rope Trick: Demonstration of Condensation Polymerization." *Journal of Chemical Education*, April 1959.

Norton, Tucker, personal interview, February 16, 2011.

Pearce, Jeremy, "Stephanie L. Kwolek, Inventor of Kevlar, Is Dead at 90." *New York Times*, June 20, 2014.

"Stephanie L. Kwolek." Chemical Heritage Foundation. http://www.chemheritage.org/discover/online-resources/chemistry-in-history/themes/petrochemistry-and-synthetic-polymers/synthetic-polymers/kwolek.aspx, accessed August 27, 2014.

著者　レイチェル・スワビー（Rachel Swaby）
ブルックリン在住のフリーランス・ジャーナリスト。雑誌『Wired』『The Oprah Magazine』『Afar』、ウェブサイト「New Yorker.com」等で活躍。インディペンデント雑誌『Longshot Magazine』では副編集長を務める。デジタルメディア『THE CONNECTIVE』元編集長。ライブ雑誌『Pop-Up Magazine』元プレゼンター。

訳者　堀越英美（ほりこし・ひでみ）
1973年生まれ。早稲田大学第一文学部卒。出版社、IT企業勤務を経てライターに。共訳書に『ギークマム』（オライリー・ジャパン）、著書に『不道徳お母さん講座』（河出書房新社）『女の子は本当にピンクが好きなのか』（Pヴァイン）等。

世界と科学を変えた52人の女性たち

2018年11月20日　第1刷印刷
2018年11月30日　第1刷発行

著者　レイチェル・スワビー
訳者　堀越英美
発行者　清水一人
発行所　青土社
〒101-0051　東京都千代田区神田神保町1-29　市瀬ビル4階
電話　03-3291-9831（編集）　03-3294-7829（営業）
振替　00190-7-192955

装丁　梅崎彩世（tento）
印刷・製本　ディグ

ISBN978-4-7917-7109-7 Printed in Japan